LES POUSSIÈRES

DES

FABRIQUES DE PORCELAINE

LEUR ACTION SUR L'ORGANISME

RECHERCHES ANATOMO-PATHOLOGIQUES ET PROPHYLACTIQUES

Travail récompensé par l'Académie des Sciences
et par l'Académie de Médecine

PAR

J.-V. DETROYE

Médecin-Vétérinaire de la Ville de Limoges
Lauréat de l'École de Lyon
Lauréat et Membre correspondant de la Société Centrale de médecine vétérinaire
Correspondant de la Société de médecine vétérinaire pratique
Lauréat et Membre honoraire de l'Association des Industriels de France
Lauréat de la Société d'encouragement pour l'industrie nationale
Membre de la Société de médecine et de pharmacie de la Haute-Vienne, etc., etc.

LIMOGES
IMPRIMERIE-LIBRAIRIE LIMOUSINE
Vᵒ H. DUCOURTIEUX
7, RUE DES ARÈNES, 7
1896

LES

POUSSIÈRES DES FABRIQUES DE PORCELAINE

LEUR ACTION SUR L'ORGANISME

RECHERCHES ANATOMO-PATHOLOGIQUES ET PROPHYLACTIQUES

LES POUSSIÈRES

DES

FABRIQUES DE PORCELAINE

LEUR ACTION SUR L'ORGANISME

RECHERCHES ANATOMO-PATHOLOGIQUES ET PROPHYLACTIQUES

Travail récompensé par l'Académie des Sciences
et par l'Académie de Médecine

PAR

J.-V. DETROYE

Médecin-Vétérinaire de la Ville de Limoges
Lauréat de l'École de Lyon
Lauréat et Membre correspondant de la Société Centrale de médecine vétérinaire
Correspondant de la Société de médecine vétérinaire pratique
Lauréat et Membre honoraire de l'Association des Industriels de France
Lauréat de la Société d'encouragement pour l'industrie nationale
Membre de la Société de médecine et de pharmacie de la Haute-Vienne, etc., etc.

LIMOGES
IMPRIMERIE-LIBRAIRIE LIMOUSINE
Vᵉ H. DUCOURTIEUX
7, RUE DES ARÈNES, 7
1896

INTRODUCTION

Parmi les questions d'hygiène industrielle qui préoccupent avec raison tous ceux qui cherchent à améliorer la situation sanitaire des ateliers, l'une des plus importantes est celle qui se rattache à la production des poussières industrielles et à leur diffusion dans l'atmosphère du travail.

La poussière industrielle est incontestablement l'ennemi le plus dangereux de l'ouvrier. S'il ne le frappe pas brutalement, il le guette sournoisement et s'infiltre de façon lente, mais progressive, dans ses organes vitaux (poumon, estomac, intestin, etc.), où il produit des désordres irrémédiables. Alors apparaît tout le cortège des maladies chroniques des appareils respiratoire et digestif (bronchite, broncho-pneumonie, emphysème, sclérose, gastro-entérite, etc.) et surtout la phtisie dont les germes ont trouvé toute ouverte une porte d'entrée dans l'organisme.

Les ravages des poussières sont connus et la pratique industrielle a révélé par un long martyrologue les diverses formes de leur nocivité et leurs moyens d'attaque : les unes, comme les poussières de plomb (1), de cuivre, d'arsenic, de mercure, etc., produisent une action toxique et jouent le rôle de véritables poisons ; les autres, telles que les poussières de verre, de quartz, de calcaire, de grès, etc., déchirent avec leurs pointes les membranes organiques, infiltrent rapidement les tissus et déter-

---

(1) Des exemples frappants de la nocivité des poussières de plomb se sont présentés malheureusement à Limoges il y a quelques mois. Plusieurs femmes employées dans des ateliers de chromo-lithographie pour l'impression sur porcelaine ont été intoxiquées par les poussières de borosilicate de plomb qui entrent dans la préparation des chromos. Ces poussières sont appliquées avec un pinceau et l'excès est chassé au moyen d'un plumeau. C'est surtout cet époussetage qui constitue une opération des plus dangereuses.

minent un processus inflammatoire que rien ne peut enrayer ; d'autres enfin, les poussières organiques notamment (poils, crins, plumes, os, soie, etc.,), contiennent souvent avec elles des germes de maladies infectieuses qu'elles inoculent à ceux qu'elles atteignent.

La présence des poussières dans l'atmosphère du travail est non-seulement incommode mais dangereuse. Si leur influence pernicieuse a été contestée par quelques auteurs, les savants travaux de Tardieu, Vernois, Hirt, Bouchardat, Arnould, Charcot, Proust, et autres hygiénistes éminents l'ont mise hors de doute. Il est vrai qui si les unes, comme les poussières toxiques, ont une action tellement prompte et manifeste qu'elles inspirent la crainte aux plus indifférents, les autres, dont les effets sont lents, semblent inoffensives aux ouvriers qui les inspirent depuis peu de temps. Ils sont bien incommodés et indisposés de temps à autre, mais ces irrégularités fonctionnelles sont mises sur le compte d'autres causes ; tant que leur état général se maintient et qu'il n'y a pas de souffrance ou de faiblesse, ils ont la conviction que leur organisme a subi l'accoutumance au milieu où ils vivent. Cette indifférence est surtout entretenue par les individus doués d'une résistance exceptionnelle, lesquels affectent de braver un danger qu'ils disent imaginaire. Mais dès que la faiblesse s'accuse, que les douleurs arrivent et nécessitent des interruptions de travail, c'est-à-dire quand les désordres organiques sont tels que l'existence est gravement compromise, l'illusion s'envole et la vérité apparaît hélas ! toujours trop tardivement. Et cependant l'insouciance est telle que les vides continuellement creusés par la mort sont sans cesse comblés par des indifférents, bien que les disparus soient presque toujours enlevés en pleine jeunesse, à la fleur de l'âge. Malgré les exemples renouvelés, malgré l'éloquence funèbre des statistiques de la mortalité dans les « milieux à poussières », l'action lente, insidieuse de celles-ci ne continue pas moins d'exercer son influence trompeuse et de faire des dupes.

Péniblement impressionné par les ravages occasionnés par certaines poussières industrielles, non cependant des plus dangereuses, je me suis attaché à cette question d'hygiène industrielle si pleine d'intérêt.

Lors de mes premières visites en détail des fabriques de porcelaine, je fus en effet surpris quand, en pénétrant surtout dans les salles d'espassage et de retouchage, je me trouvai au milieu d'ouvriers des deux sexes travaillant dans des nuages de poussières inspirées par eux à pleins poumons ; et ma surprise fut d'autant plus grande que j'avais entendu parler souvent des effets désastreux occasionnés par le séjour dans une telle atmosphère. Du reste, les statistiques de la mortalité à Limoges m'avaient déjà édifié à ce sujet, mais j'étais loin d'être fixé sur les dangers réels du travail dans un semblable milieu, aussi m'informai-je afin de savoir quelle pouvait bien être l'impression des intéressés eux-mêmes. Bien qu'ils fussent tous d'avis que l'inspiration des poussières qui se dégagent pendant la fabrication de la porcelaine leur cause un malaise général, les uns me déclarèrent que leur santé ne leur paraissait pas en souffrir, quoique leur état général fut en contradiction avec leurs assertions ; les autres m'avouèrent qu'ils se rendaient bien compte de l'action malfaisante de ces poussières, tout en déplorant que rien ne fut mis en œuvre afin de les préserver. En somme, il y avait, — comme cela existe toujours, — des indifférents et des convaincus, ceux-ci étant cependant de beaucoup les plus nombreux.

M'étant aperçu qu'au point de vue de l'hygiène générale quelques ateliers de fabrication laissaient un peu à désirer, je m'enquis de savoir si des moyens préservatifs individuels étaient ou avaient été mis en usage, et j'appris qu'à diverses reprises les ouvriers les plus exposés avaient essayé divers procédés qui leur avaient été conseillés. Les plus simples consistaient à recouvrir le nez et la bouche avec un foulard ou une étoffe de flanelle, à fixer une éponge mouillée vers les ouvertures du nez, etc.; on avait même eu recours à des masques au moyen desquels la fil'ration de l'air s'effectuait à travers la flanelle humectée, la gaze ou l'éponge, mais ces appareils volumineux, très lourds, très gênants avaient été vite abandonnés.

En résumé, les diverses réflexions qui me furent confiées dans le cours de mes visites m'impressionnèrent à un tel point, que je me promis de consacrer mes rares loisirs à la recherche d'un moyen pratique de préservation.

. Mais avant d'entreprendre des recherches prophylactiques je devais d'abord m'éclairer aussi complètement que possible au sujet de l'action des poussières de porcelaine sur l'organisme. Il est vrai que leur action sur les membranes et les tissus organiques étant essentiellement mécanique et irritative, comme celle de la plupart des poussières industrielles dont les effets ont été bien étudiés, j'aurais pu m'édifier en lisant les divers travaux qui ont été publiés sur cette question ; mais je préférai en faire la recherche personnelle afin de ne pas m'exposer à être influencé par les opinions des auteurs que j'aurais pu consulter. Du reste, pour tracer l'histoire anatomo-pathologique de la chalicose, il m'a paru indispensable d'avoir recours à l'expérimentation, surtout pour préciser les premiers degrés de l'échelle des lésions, qu'il est presque impossible de retrouver à l'examen des organes d'individus qui ont succombé à cette affection, tant chez eux l'altération organique est avancée. J'ai donc étudié les premières phases de l'infection chalicosique sur des animaux d'expériences (cobaïes et pigeons) placés dans les mêmes conditions que les ouvriers, et les dernières sur les organes de porcelainiers décédés, que MM. les médecins de l'hôpital général ont eu l'obligeance de mettre à ma disposition.

Voici, du reste, comment j'ai établi le programme de mes recherches dont la réalisation m'a demandé plusieurs années :

I. — Aperçu des différentes phases du travail dans l'industrie porcelainière ;

II. — Principaux foyers de production des poussières. Tableau comparatif de cette production ;

III. — Rapports entre les caractères des poussières et leur origine ;

IV. — Voies d'introduction des poussières dans l'organisme ; causes physiologiques principales qui retardent ou favorisent cette introduction ;

V. — Mécanisme de l'imprégnation des organes et des tissus ;

VI. — Causes de la coloration ardoisée des tissus imprégnés ;

VII. — Action des poussières sur les organes de la respiration ;

VIII. — Action des poussières sur les organes de la digestion ;

IX. — Action des poussières sur les organes de la circulation sanguine et lymphatique ;

X. — Influence de l'absorption des poussières minérales sur le développement et la marche de la phtisie ;

XI. — Prophylaxie. Moyens prophylactiques généraux ; moyens prophylactiques individuels.

LES

POUSSIÈRES DES FABRIQUES DE PORCELAINE

LEUR ACTION SUR L'ORGANISME

RECHERCHES ANATOMO-PATHOLOGIQUES ET PROPHYLACTIQUES

I

Aperçu des différentes phases du travail dans l'industrie porcelainière

La fabrication de la porcelaine comporte un certain nombre d'opérations et de manipulations qu'on peut diviser en quatre groupes constituant en quelque sorte autant d'industries distinctes.

1° **Extraction des matières premières.** — Cette partie ne présentant que fort peu d'intérêt au point de vue de cette étude, je ne m'en occuperai pas.

2° **Préparations de la pâte à porcelaine.** — Les matières premières qui entrent dans la composition des pâtes à porcelaine (kaolin, pegmatite, feldspath, quartz, biscuit) doivent subir, avant d'être utilisées pour la fabrication proprement dite, quelques préparations qui s'effectuent dans des usines dites moulins à pâte.

Le *kaolin* n'est en général l'objet d'aucune préparation ; cependant quelques variétés dures doivent être concassées et broyées à sec entre des meules horizontales semblables à celles des moulins à blé ; d'autres sont simplement divisées à la main avec un battoir.

La *pegmatite*, remise au moulin en morceaux plus ou moins volumineux, est cassée, lavée, puis broyée également à sec.

Le *feldspath*, en blocs plus ou moins gros suivant les variétés, est cassé, trié pour en séparer les parcelles terreuses ou colorées par des oxydes divers, lavé et broyé généralement à sec.

Le *quartz*, en pierre très dure, subit les mêmes préparations que le feldspath.

Le *biscuit* n'est autre chose que les débris de porcelaine non émaillée qu'on utilise en les ajoutant aux autres matières après les avoir concassés et moulus.

Dans la pâte à porcelaine entrent en proportions variables des cinq matières dont je viens de parler. L'émail est surtout du quartz mélangé à une certaine quantité de pegmatite.

Après un premier broyage à sec, ces matières, — excepté cependant quelques variétés de kaolin, — subissent une seconde mouture, sorte de raffinage, qui s'effectue à l'aide de meules placées dans des tines recevant les poudres diluées. C'est ordinairement lors de cette opération que se font les mélanges. En sortant de ces moulins sous forme d'un lait blanchâtre, la pâte est dirigée dans un bassin où un agitateur empêche le dépôt des particules ; de là, passant sur un tamis chargé de retenir les parties insuffisamment porphyrisées, elle est égouttée dans des sacs, puis projetée par une pompe dans des presses-filtres actionnées par une presse hydraulique où elle perd une grande partie de son eau et d'où elle sort sous forme de galettes. Si elle doit être livrée à la fabrique en poudre, on la fait dessécher et moudre à nouveau. L'émail est toujours livré à l'état pulvérulent.

Ces diverses préparations varient un peu suivant les usines où elles s'effectuent ; dans les unes c'est la mouture à sec qui prédomine, dans d'autres c'est le broyage à l'état humide.

Les meules employées doivent être repiquées de temps en temps ; les ouvriers occupés à cette opération du repiquage sont exposés à un danger sérieux.

3° **Fabrication proprement dite de la porcelaine.** — *Battage.* — La première opération que subit la pâte dans la fabrique de porcelaine est le battage, qui a pour effet de lui donner une homogénéité complète. Cette trituration s'effectue, soit avec les pieds de l'homme chaussés de sabots à semelle en forme de coin (marchage), soit à l'aide d'une batteuse mécanique composée de deux cylindres tronconiques à surface ondulée, en fonte recouverte de zinc, accouplés en sens inverse et roulant dans une cuvette également en fonte zinguée où la pâte est déposée. Le marchage et le malaxage à la batteuse sont complétés par le battage à la main qui consiste dans un pétrissage analogue à celui que subit la pâte du pain. Le marchage n'empêche pas le battage à la machine, mais le malaxage à la main est réservé seulement à la pâte des mouleurs.

Tournage. — La pâte suffisamment travaillée est remise aux tourneurs et aux mouleurs chargés de la confection des divers objets. Le tour sert à l'exécution des pièces rondes ou ovales ; avec l'ancien, mu à l'aide du pied, la forme des objets est obtenue avec la main, tandis qu'avec le tour mécanique cette forme est exécutée tout entière automatiquement.

Moulage. — Les pièces irrégulières se font par le moulage au moyen d'un moule en plâtre reposant sur une petite table circulaire fixée à un axe vertical mobile. Ce moule étant saupoudré, on garnit sa surface d'une galette de pâte à laquelle on fait prendre sa forme en appuyant sur elle avec une éponge humectée. Toutes les pièces rapportées sont également faites au moule, puis soudées à la pièce principale.

Tournazage et finissage. — Les objets tournés ou moulés sont déposés sur des rondelles de plâtre et alignés sur des planches placées dans des étagères où ils séjournent quelques jours afin d'acquérir un peu de résistance en perdant une partie de leur humidité. Ils passent ensuite entre les mains des tournazeurs et des finisseurs chargés d'enlever les bavures à l'aide d'une rugine (tournazin) et les rugosités avec du papier de verre ; puis ils sont remis à nouveau dans les séchoirs où ils acquièrent une solidité suffisante pour leur permettre les manipulations ultérieures.

Englobage. — Dès que les pièces ont subi une dessication suffisante, elles sont placées dans des gazettes et portées à l'étage supérieur du four appelé *globe,* où elles subissent, pendant quarante-huit heures environ, une température de près de 800 degrés. Cette première cuisson leur donne le *dégourdi* et les transforme en *biscuit.*

Espassage. — Une fois retirée du globe, la pièce passe entre les mains des espasseurs qui, à l'aide d'un plumeau (espassin), chassent les poussières déposées à sa surface. On a essayé d'enlever celles-ci au moment où elles sont agitées, afin de soustraire les ouvriers à leur action, en se servant d'un espassin en forme de brosse circulaire tournant sur une tablette à l'ouverture d'une manche à air dans laquelle ces poussières sont attirées par un aspirateur. Ce perfectionnement ne s'est malheureusement pas généralisé, par cela même que les ouvriers n'en recherchent pas l'usage et préfèrent se servir de l'espassin ordinaire.

Emaillage. — La pièce dégourdie et époussetée est plongée dans un bain d'émail, puis remise au séchoir dans un local où règne une température de 30 degrés en moyenne.

Retouchage. — Les retoucheuses sont chargées d'enlever, avec des grattoirs et des petites brosses, l'excès d'émail déposé en certains endroits, autrement dit de régulariser ou d'uniformiser son épaisseur. Le retouchage des pièces rondes ou ovales s'effectue au tour, celui des pièces moulées, à la main. La poussière ainsi détachée est chassée en soufflant avec la bouche, ce qui a pour effet de la répandre dans l'air environnant les ouvriers.

Engazetage, enfournage, cuisson, défournage. — Une fois émaillée et retouchée, la pièce est placée dans une gazette en terre réfractaire. Les gazettes sont empilées les unes sur les autres et séparées par des *colombins*. Les piles sont également maintenues écartées par des morceaux de terre réfractaire appelés *taquets* destinés à empêcher les *files* de s'incliner les unes sur les autres lors de la cuisson. L'engazetage a pour but de soustraire les objets à l'action directe de la flamme du four, dont la température est portée à 1,800 degrés environ. La durée de la cuisson est de cinquante à cinquante-cinq heures et celle nécessaire au refroidissement à peu près égale. Puis a lieu le défournage suivi de l'ouverture des gazettes et du triage de la marchandise.

Polissage et usage de grains. — Le polissage consiste à enlever les irrégularités des bords des pièces légères (tasses, soucoupes, etc.). L'objet est fixé sur un tour et animé d'une rotation rapide pendant qu'on appuie sur lui, successivement, des morceaux de grès, de pierre ponce, de biscuit et de liège.

L'usage de grains a pour but de faire disparaître les saillies et rugosités dues à la soudure de quelques grains de sable aux pièces pendant la cuisson. Cette opération s'effectue par le frottement de la pièce contre une meule de grès tournant très rapidement. Pendant les opérations du polissage et de l'usage des grains les meules et les pièces sont légèrement humectées avec un pinceau que l'ouvrier tient à la bouche après l'avoir préalablement trempé dans l'eau.

Annexes. — Parmi les opérations annexes de la fabrication de la porcelaine, je citerai principalement : le battage, le tournage, le moulage et la cuisson des terres réfractaires servant à la préparation des gazettes et des rondeaux, le polissage de ces derniers et l'écrasement des gazettes cassées pendant la cuisson ou le défournage et le dégazetage. Ces gazettes inutilisables sont broyées avec des battoirs en bois à dents en fer et le produit est mélangé à la terre réfractaire fraîche pour la confection de nouvelles pièces.

- 4° **Décoration de la porcelaine.** — Bien que ce qui a trait à cette dernière préparation de la porcelaine sorte du cadre que je me suis tracé, l'actualité m'oblige à en dire quelques mots.

Le nouveau mode de décoration par impression expose les ouvriers qui préparent la matière employée à des accidents d'intoxication saturnine. Les substances colorantes sont des oxydes ou des sels minéraux mélangés à des fondants (borosilicates de plomb).

Les éléments de ces couleurs, dit M. E. Peyrusson, ont il est vrai, été fondus ensemble, ce qui les rend inaltérables lorsqu'elles sont à l'état de cristal transparent ou lorsqu'elles ont été une fois vitrifiées sur la porcelaine ; mais l'expérience démontre que lorsqu'elles sont porphyrisées, comme elles doivent l'être pour leur emploi, elles sont très facilement décomposées par l'acide carbonique et par l'humidité de l'air. Dans ces conditions, l'analyse chimique prouve qu'elles contiennent une forte proportion de carbonate de plomb qui les rend extrêmement toxiques. Les peintres sur porcelaine, qui emploient ces couleurs, sont cependant à l'abri de tout danger, parce qu'ils ne s'en servent que délayées dans des excipients qui les maintiennent à l'état visqueux. Mais il n'en est pas ainsi lorsque la décoration est faite au moyen d'impressions diverses. Dans ce cas, en effet, la presse fournit le dessin, qu'il faut ensuite saupoudrer avec de la couleur bien sèche, et, pendant cette manipulation il se produit une poussière très ténue qui est facilement absorbée par l'ouvrier ou l'ouvrière chargée de cette opération. Ce saupoudrage est presque toujours pratiqué par des femmes qui forment heureusement une catégorie très restreinte de personnes exposées à l'intoxication saturnine.

Néanmoins, les accidents graves récents qui se sont produits dans les ateliers de chromo-lithographie porcelainière de Limoges prouvent que ce genre de travail mérite d'attirer spécialement l'attention des hygiénistes industriels.

II

Principaux foyers de production des poussières.
Tableau comparatif de cette production.

Le dégagement de la poussière est variable suivant la préparation et la nature de la matière. Voici les manipulations qui donnent lieu à une production suffisante pour déterminer plus ou moins rapidement des troubles organiques :

Dans les moulins à pâte, toute la mouture à sec, quelle que soit la nature de la matière broyée, occasionne un dégagement considérable de poussières ; celles du quartz principalement sont tellement abondantes que l'ouvrier chargé de surveiller cette mouture se trouve continuellement dans un véritable nuage ; puis viennent, par ordre décroissant, celles de feldspath, de biscuit, de pegmatite, et enfin celle de kaolin. Comme autres sources productrices de poussières, dans les moulins à pâte, je dois ajouter le cassage du biscuit, du feldspath, de quelques variétés de kaolin et le broyage des pâtes desséchées, ainsi que le repiquage des meules.

Dans la fabrication proprement dite, le dégagement poussiéreux débute au saupoudrage des moules. Les poussières produites par le tournazage et le finissage sont abondantes, mais lourdes, et se dispersent peu. L'espassage et le retouchage sont les deux manipulations qui donnent lieu à la production la plus intense ; puis viennent celles du défournage et du déglobage qui déterminent un soulèvement assez important de particules terreuses et charbonneuses. Quant au polissage et à l'usage des grains, s'ils n'engendrent pas un dégagement considérable, la nature essentiellement pernicieuse des poussières produites compense malheureusement leur faible quantité.

Parmi les préparations annexes de la fabrication porcelainière, deux surtout donnent lieu à une production importante de poussières ; ce sont l'usage des rondeaux et le broyage des gazettes.

Je ne parlerai pas des poussières se rapportant à la décoration de la porcelaine, dont l'action est toute différente de celles que je viens d'énumérer et qui seules ont fait l'objet de mes recherches.

La quantité de poussières inspirées dépend non seulement du degré de leur production, mais aussi de la distance à laquelle se trouve l'ouvrier du foyer producteur, ainsi que des conditions hygiéniques du local où s'effectue le travail. Au fur et à mesure de leur dégagement, ces poussières se répandent dans l'air où elles restent en suspension d'autant plus de temps qu'elles sont plus fines et moins denses ; et si l'air du local n'est pas agité, elles ne tardent pas à se déposer sur le sol, sur tous les objets et sur les vêtements des ouvriers. La circulation de ceux-ci dans les ateliers, le déplacement des pièces et les courants d'air les remettent fréquemment en mouvement ; aussi l'air des locaux est-il constamment pollué.

J'ai tenu à me rendre compte de l'importance du dépôt de poussières produites pendant un temps déterminé, sur une surface fixée, dans divers ateliers. A cet effet, j'ai placé en différents endroits des feuilles de papier-soie de 1 décimètre carré ; elles étaient assujetties avec des punaises de façon qu'elles ne pussent être agitées par les courants d'air, ou déplacées par inadvertance. Après le temps donné, la feuille était pliée avec soin, de manière à former un petit paquet contenant les poussières déposées à sa surface ; le poids de celles-ci a été déterminé exactement. Les chiffres obtenus donnent une idée assez précise du degré comparatif de pollution de l'atmosphère dans les divers locaux des fabriques, et par conséquent des conditions dans lesquelles se trouvent placés les ouvriers ou ouvrières qui y travaillent.

Il va sans dire qu'il y a à tenir compte de l'état hygrométrique et du volume très variable des poussières suivant leur origine; ainsi, à poids égal, les poussières de l'espassage et du retouchage seront beaucoup plus nombreuses que celles du finissage; celles du polissage, plus abondantes que celles de l'usage de grains. Néanmoins, dans tous les cas, le nombre des particules se chiffre par millions.

FOYER DE PRODUCTION DE L/. POUSSIÈRE	DISTANCE DU FOYER OU DE L'OUVRIER	DURÉE DU DÉPOT	Poids du dépôt par m. carré	OBSERVATIONS
Mouture de quartz.....	1 m. de la meule...	1 heure....	36 gr.	à hauteur d'homme.
Tournage.............	4 m. des tours....	1 jour......	0 gr.3	
Tournazage au tour,...	0 m. 50 de l'ouvrier.	id.	35 gr.	pous. dense et grosse
Finissage à la main....	0 m. 80 id.	id.	11 gr.	
id.	1 m. id.	id.	10 gr.	
Tournazage et moulage.	3 m. id.	id.	2 gr.5	local mixte côté mouleurs.
id.	id.	id.	3 gr.	— — tournazeurs.
Déglobage..........	Intérieur du globe..	temps de l'op.	9 gr.	
Espassage.....	2 m. de l'ouvrière..	1 jour......	7 gr.	
Retouchage à la main..	1 m. id.	id.	10 gr.	pièces sèches.
id. ...	id.	id.	5 gr.5	pièces 1/2 sèches.
Retouchage au tour. ..	id.	id.	18 gr.5	
Retouchage mixte.....	Milieu du local....	id.	1 gr.5	
Défournage..........	Intérieur du four .	temps de l'op.	3 gr.5	hauteur de 1 m. 70.
Cuisson.............	Exter. du four à 2 m.	1 jour......	21 gr.	près la porte à 1m h.
Polissage...........	0 m. 50 de l'ouvrier	id.	14 gr.	poussière humide.
id.	0 m. 80 id.	id.	5 gr.	poussière sèche.
Usage de grains.......	0 m. 50 id.	id.	6 gr.5	
id.	0 m. 80 id.	id.	2 gr.	
Usage de rondeaux.....	0 m. 50 id.	id.	84 gr.	

III

Rapports des caractères des poussières avec leur origine

L'action des poussières de porcelaine sur les membranes organiques étant essentiellement mécanique, on comprend que leur degré de nocuité soit lié à leurs caractères morphologiques et physiques, autrement dit à leur forme, à leur volume et à leur densité. Les deux derniers facteurs peuvent être négligés en raison de l'extrême divisibilité de la matière qui permet aux plus fines particules, les seules qui puissent être absorbées, de rester assez de temps en suspension dans l'air ambiant avant de se déposer pour être attirées à proximité des voies d'introduction dans l'organisme. Quant à la forme des éléments constitutifs de ces poussières, elle mérite d'attirer quelque peu l'attention, puisque d'elle surtout dépend leur puissance de pénétration à travers les tissus. En effet, plus leurs bords sont saillants et leurs angles aigus, plus leur pouvoir irritant et pénétrant est grand. Il est vrai que les plus fines, — les particules microscopiques, — quels que soient leur nature et leurs caractères, s'introduisent à la suite de plus volumineuses par un mécanisme tout différent, dont il sera question plus loin.

Les poussières qui se dégagent dans les moulins à pâte pendant le broyage des matières premières sont constituées naturellement par les éléments des substances fondamentales qui entrent dans la composition des pâtes à porcelaine. Le kaolin, en raison de son peu de consistance, donne lieu à un faible dégagement de particules très fines, à formes des plus variées, en général globuleuses, à saillies arrondies ou obtuses ; ce sont en somme les formes multiples des éléments terreux ; si elles ne sont pas favorables à la pénétration directe dans les tissus, la légèreté et la ténuité de ces poussières favorisent beaucoup leur introduction dans les fines bronches et les alvéoles du poumon, où leur action obstructive et irritante s'exerce lentement, mais sûrement.

La pegmatite ne donne pas lieu non plus à un fort dégagement de poussières. Ses particules sont fines, aplaties, micacées, à bords rectilignes, à angles saillants, la plupart obtus ; il en est cependant un certain nombre qui sont très allongées, mais non terminées en pointes. C'est une poussière légère, coupante, qui reste longtemps en suspension dans l'air et est aspirée facilement ; mais sa forme lamellaire est peu favorable à sa pénétration.

Le feldspath produit une poussière dont les éléments ont presque les mêmes caractères que ceux de la pegmatite, mais ils sont plus gros, plus denses et plus durs. Le quartz, en raison de sa dureté, dégage une poussière assez abondante et dense, dont les particules d'aspect cristalloïde sont polyédriques ou tétraédriques, à angles aigus et à pointes acérées ; c'est de toutes celle qui est la plus dangereuse.

La poussière produite lors du repiquage des meules servant au broyage des matières premières a les mêmes caractères et présente le même degré de nocuité que celle de quartz. — Celle qui se dégage dans la mouture du biscuit se rapproche de celle de kaolin qui la compose en grande partie, avec cette différence que la première cuisson, ou le dégourdi, a augmenté sa sécheresse et sa dureté.

Les poussières qui émanent de la fabrication proprement dite de la porcelaine sont composées d'un mélange en proportions variables des éléments des matières premières. Cette proportion est surtout très différente dans la pâte à porcelaine et dans l'émail ; ce dernier, à cause de la grande quantité de quartz qui entre dans sa composition, donne lieu à une poussière beaucoup plus dangereuse que celle de la pâte proprement dite, dans laquelle le kaolin prédomine. Mais à ces éléments des matières premières s'en ajoutent d'autres, dont l'action est loin d'être négligeable et dont la production est importante dans le cours de la fabrication proprement dite : telles sont celles de charbon minéral et celles de fumée du dit charbon. Tout en me réservant de revenir plus loin sur leur compte, je dirai que leur dégagement par les cheminées des fours est tellement intense que, dans un périmètre assez étendu, l'air extérieur et celui des ateliers en est très sérieusement pollué. On s'en rend bien compte en examinant le dépôt poussiéreux qui s'accumule sur les pièces, lequel est d'autant plus foncé qu'on se rapproche du foyer producteur.

Les particules de charbon se présentent soûs forme de très fines granulations ou de corpuscules d'aspect cristalloïde, anguleux, plus ou moins acérés, d'un noir foncé brillant s'ils sont épais, avec un reflet bleuâtre, s'ils sont minces.

La fumée de charbon de terre est constituée par des éléments globuleux ou floconneux, d'un noir mat, très faciles à reconnaître et à différencier.

Si les éléments principaux qui entrent dans la composition des poussières en suspension dans les locaux des fabriques sont connus, les proportions de chacun d'eux sont très variables suivant les phases de la fabrication, et dans le cours de celle-ci, il s'en ajoute encore d'autres, dont le rôle, bien que secondaire, n'en a pas moins son importance : telles sont celles d'argile réfractaire cuite (écrasement des gazettes, usage des rondeaux, déglobage, défournage), de grès et de pierre ponce (polissage et usage de grains), de plâtre (saupoudrage des moules), etc.

Les poussières les plus chargées de particules de charbon et de fumée sont celles qui sont produites pendant le déglobage, le défournage et l'espassage. — Celles qui sont le plus dangereuses, en raison de leur forme et de leur dureté, se dégagent dans le retouchage (poussière d'émail où le quartz prédomine) le polissage et l'usage de grains (particules de quartz et de grès fines et très aigues). On comprend que la cuisson donne aux éléments une acuité et une dureté qui augmentent considérablement leur pouvoir vulnérant.

IV

Voies d'introduction des poussières dans l'organisme.
Causes physiologiques principales qui retardent ou
favorisent cette introduction.

L'entrée des poussières dans l'organisme s'effectue principalement par
les ouvertures naturelles des voies respiratoire et digestive, autrement
dit par le nez et par la bouche.

L'appareil respiratoire en absorbe la plus grande partie, en raison
de l'ininterruption des actes de la fonction de respiration. Bien que seules
les ouvertures nasales soient considérées anatomiquement et physiologiquement comme passage naturel de l'air inspiré, il n'est pas moins vrai
que la bouche leur vient souvent en aide, et même dans certains cas leur
supplée presque entièrement ; par exemple chez des personnes souffrant
d'affections chroniques des fosses nasales, ou, ce qui est plus commun, chez
celles atteintes de catarrhe nasal appelé vulgairement rhume de cerveau.

Ainsi donc, il est incontestable que la pénétration de l'air nécessaire à la
respiration et des poussières qu'il tient en suspension a lieu par le nez et
par la bouche, mais en proportions très inégales, généralement en faveur
de la première voie.

Avant d'arriver à l'organe principal de la fonction, le poumon, les
poussières rencontrent heureusement plusieurs obstacles qui en arrêtent
la majeure partie ; et l'on se demande même comment il s'en trouve qui
puissent parvenir jusqu'aux bronches et aux vésicules pulmonaires, étant
données les conditions défavorables qui s'opposent à leur libre circulation.
En effet, les particules charriées par l'air inspiré sont obligées de circuler
dans un canal à parois irrégulières et anfractueuses, tapissé par une
membrane humectée. Du côté du nez, les fins poils qui en tapissent
l'entrée et les infundibules des fosses nasales sont un obstacle sérieux à
leur passage. Si, par la bouche, l'entrée paraît plus directe, cette faveur
est restreinte par l'humidité constante due à la salive. En arrivant au
larynx, elles rencontrent encore les replis muqueux de cet organe, mais
ensuite un canal rectiligne jusqu'aux premières divisions bronchiques.
Il semble donc, étant connues tant de difficultés à leur libre circulation,
qu'aucune des particules engagées dans les premières voies ne peut

parvenir au poumon sans butter contre les parois du canal qu'elles doivent parcourir pour y arriver. Mais, ce chemin, ne leur est-il pas possible de le parcourir en plusieurs étapes, sous l'effet d'un plus ou moins grand nombre d'inspirations ? — Deux nouvelles causes viennent contrarier cette marche progressive et saccadée : d'une part le reflux aérien produit par l'expiration ; d'autre part, la sensibilité extrême de l'épithélium vibratile de la muqueuse du larynx et de la trachée qui, au moindre contact d'un corps étranger, par une action réflexe du système nerveux, détermine la toux, c'est-à-dire une série d'expirations brusques ayant pour effet d'expulser l'agent irritant.

Les poussières qui sont néanmoins parvenues à franchir le canal aérien et à arriver jusqu'aux fines bronches, ont « un pied dans la place ». Bien que l'expiration et la toux, ainsi que l'expectoration muqueuse produite par l'irritation qu'elles causent, en éliminent encore la plus grande partie, quelques-unes parviennent jusqu'aux vésicules pulmonaires parce que leur rétrogradation est gênée par suite de la disposition dichotomique de l'arbre bronchique. Une fois arrivées dans les infundibula, elles en sont plus difficilement expulsées, puisqu'elles sont désormais dans une cavité en forme d'outre ou de ballon, où les mouvement aériens n'ont plus guère de chances de les expulser ; elles se trouvent dès lors dans les conditions des poussières qu'on aurait introduites dans un ballon élastique à parois humides et qu'on chercherait à en chasser en faisant sortir et entrer l'air par des pressions alternatives. Si l'expectoration en entraîne encore quelques-unes, les autres se réunissent, à la faveur du mucus, en petits amas qui ne peuvent plus être expulsés et qui grossissent progressivement jusqu'au moment où ils obturent entièrement la cavité qui les recèle ; ou celles qui restent libres, étant agitées continuellement, ne tardent pas à érailler l'endothélium, puis à le rompre et à pénétrer mécaniquement dans le tissu propre de l'organe, ou bien à être absorbées.

En raison du grand nombre d'obstacles opposés à la pénétration, des poussières dans le poumon, on conçoit qu'un bien petit nombre parmi celles qui sont entrées par les ouvertures extérieures arrivent à franchir ces barrières multiples ; et ce nombre serait encore plus infime si des conditions favorables à leur circulation, déterminées par l'introduction elle-même de ces éléments étrangers, ne leur venait pas en aide. En effet, l'inspiration d'un air chargé de poussières produit d'abord et rapidement un desséchement des muqueuses; le mucus qui tapisse celles-ci est absorbé par les particules et sa sécrétion est momentanément suspendue jusqu'au moment où l'irritation la fait renaître. Mais dans cet intervalle, le canal aérien, à parois presque sèches, se prête mieux à la circulation rapide des particules en suspension dans l'air inspiré. D'un autre côté, le revêtement épithélial des muqueuses, soumis à une irritation prolongée, s'y accomode insensiblement : l'action réflexe, qu'elle déterminait si fidèlement au début, s'émousse lentement et ainsi se trouvent en partie annihilées deux causes physiologiques qui, de prime abord, étaient des plus défavorables à la pénétration des poussières dans l'organe principal de la respiration.

L'appareil digestif joue un rôle très important en tant que porte d'entrée des poussières dans l'organisme. L'introduction, par cette voie, peut s'effectuer au moment des repas quand ceux-ci sont pris dans les ateliers dont l'atmosphère est polluée, ou dans les intervalles de l'alimentation. Malgré les observations qui leur sont faites, beaucoup d'ouvriers conservent la funeste habitude de manger dans le local où ils travaillent. Les poussières ingérées avec les aliments sur lesquels elles se sont déposées ont, il est vrai, une action d'autant moins grande sur les organes que les matières qui les véhiculent sont plus abondantes, et elles sont presque toutes entraînées avec les résidus de la digestion. Cependant, le rôle d'excipient que jouent les substances alimentaires à leur égard ne les empêche pas, quand elles sont abondantes, de produire une irritation sur le tube digestif. Aussi ne saurait-on trop conseiller aux ouvriers de prendre leurs repas en plein air ou dans des locaux spéciaux.

Mais c'est l'ingestion des poussières qui s'opère dans les intervalles des repas, pendant le travail, dont il faut surtout s'occuper. Leur entrée a lieu, soit par le nez, soit par la bouche. Les particules arrêtées dans les fosses nasales et les replis du larynx sont souvent dégluties avec le mucus sécrété dans ces cavités, par des personnes qui ne prennent pas le temps de se moucher et s'abstiennent de cracher. C'est là une habitude contre laquelle on ne saurait trop réagir et il en est de même de celle qui consiste à déglutir la salive chargée de poussières, lorsque la respiration a lieu par la bouche, ou bien quand celle-ci reste ouverte, pour une cause quelconque, pendant le travail. Si l'action de cracher sur le sol des ateliers est blâmable, les intéressés devraient s'astreindre à se servir de leurs mouchoirs si des crachoirs ne sont pas mis à leur disposition.

Une fois engagées dans l'infundibulum pharyngien, les poussières ne rencontrent pas pour descendre dans l'œsophage et circuler dans le tube digestif les obstacles qu'elles auraient eu à surmonter pour pénétrer dans les organes respiratoires : leur introduction est dès lors directe et les causes physiologiques de rétrogradation n'existent plus. Mélangées seulement à la salive, au mucus et aux divers sucs digestifs, elles ont tout le temps, dans un si long parcours, d'exercer leur action néfaste sur les organes qui les recèlent. J'exposerai plus loin en quoi consiste cette action et les conséquences désastreuses qui en résultent.

Si l'absorption de certaines poussières, — plombiques ou mercurielles, par exemple, — par les téguments est hors de doute, il n'en est pas de même des poussières minérales proprement dites, ainsi que j'ai pu m'en rendre compte en pratiquant des coupes sur des lambeaux cutanés, maintenus rasés, provenant d'animaux ayant été exposés pendant plus d'une année à l'action des poussières.

V

Mécanisme de l'imprégnation des organes et des tissus

Lorsque les poussières sont introduites dans l'appareil respiratoire et dans l'appareil digestif elles s'y comportent d'une façon un peu différente suivant les organes où on les envisage, mais pour arriver néanmoins au même but : l'imprégnation de ces organes et des tissus qui entrent dans leur constitution. Le mécanisme lui-même de cette imprégnation est variable suivant la nature, le volume et la forme des particules.

Il faut envisager séparément l'imprégnation des organes pulmonaires et celle des organes digestifs.

Pour m'éclairer au sujet du mécanisme de cette infiltration organique, j'ai dû avoir recours à l'expérimentation. En effet, c'est en exposant des séries de petits animaux (cobaïes et pigeons) à l'action poussiéreuse et en les sacrifiant à des périodes progressivement éloignées qu'il m'a été permis de suivre pas à pas les diverses phases de cette imprégnation et les modes de pénétration des éléments inorganiques dans les tissus. Les organes de ces animaux ont été l'objet d'examens micrographiques minu- tieux ; un grand nombre de coupes ont été faites en divers sens dans les tissus, soit à l'état frais, soit après durcissement dans l'alcool.

a. — J'ai dit que certaines poussières introduites dans les bronches et les vésicules pulmonaires se mélangeaient au mucus pour former des agglomérats déterminant l'oblitération des canaux et des ampoules ; de celles-ci je n'ai plus à m'occuper pour l'instant : ce sont en général des poussières douces, terreuses, kaoliniques, qui ont cette destination et leur rôle se borne à celui d'agents obstructeurs. Il n'en est plus de même des particules qui restent isolées, parce que leur dureté, leur forme ou

leur volume s'opposent à leur réunion en amas. Continuellement agitées
par la circulation de l'air dans les tuyaux bronchiques et les utricules
pulmonaires, elles ne tardent pas d'en érailler les parois et de déterminer
un processus inflammatoire. La transformation cellulaire qui en résulte
les met rapidement dans des conditions favorables à leur infiltration dans
les tissus. En effet, les petites plaies multiples produites par l'irritation
occasionnent une déformation des conduits et des vésicules, ainsi qu'une
sécrétion plastique, qui ont pour effet de fixer les particules dans les
anfractuosités ainsi créées. C'est à partir de ce moment qu'on distingue
nettement deux modes de pénétration de ces agents étrangers à travers
les éléments organiques. — Les poussières les plus grosses et les plus
anguleuses se fixent à la brèche par leurs pointes et, agissant en forme
de coin, elles écartent les cellules et cheminent progressivement à la façon
d'une aiguille ou d'une épine implantée dans les chairs. La pénétration
est évidemment favorisée par les dilatations et les contractions alternatives dues à l'inspiration et à l'expiration. La paroi altérée, devenue une
barrière insuffisante, est vite franchie : le corps étranger arrive dans le
tissu intervésiculaire et sa porte d'entrée est rapidement obstruée par le
tissu cicatriciel. — Les particules les plus ténues et les moins tranchantes
se mélangent aux produits plastiques de la petite plaie; les leucocytes les
absorbent et les transportent dans les espaces et les canaux lymphatiques,
de là aux ganglions où on les retrouve en petits amas encore emprisonnés
dans la capsule cellulaire; plusieurs globules en sont tellement chargés
qu'ils succombent en chemin et leur contenu reste sur place sous forme
de points granuleux; les uns sont encore munis de l'enveloppe, les autres
ne la possèdent plus. Les particules absorbées par les cellules lymphatiques se distinguent nettement des noyaux et des granulations de ces
éléments par leurs formes irrégulières et leur différence de réfringence.
Du reste, parmi les particules claires des poussières blanches absorbées
par elles, des poussières de charbon et de fumée tranchent par leur coloration.

Comme exemple à l'appui de la théorie que je viens d'exposer, je me
bornerai, afin de ne pas surcharger ce mémoire, à relever un extrait de la
première des observations faites au cours de mes recherches expérimentales sur l'imprégnation du tissu pulmonaire.

*Examen micrographique des poumons de deux pigeons soumis à l'action
des poussières depuis le 9 décembre 1892 au 8 mai 1893.* (Ces pigeons
étaient placés dans un local de retouchage, à 0m50 des ouvrières retoucheuses à la main.) — Plusieurs coupes de poumon étant faites en tous

sens, les unes avec le tissu à l'état frais, les autres après un séjour de
trois mois dans l'alcool, les premiers degrés de l'altération se traduisent
de la façon suivante : la plupart des vésicules pulmonaires sont intactes,
mais il en est un certain nombre (en moyenne 1 sur 20) qui sont atteintes
sur une étendue variable de leur pourtour. L'endothélium de ces dernières, normal en quelques points, est en voie de prolifération dans
d'autres. On remarque, au niveau des endroits altérés, une petite élevure
constituée par des cellules épithéliales plus ou moins irrégulières et par
des produits inflammatoires. Ce n'est qu'autour de ces alvéoles atteintes
qu'on rencontre une zone constituée par des petits corps isolés ou réunis
en groupes, qu'il est facile de reconnaître pour des poussières de formes
diverses, la plupart à angles aigus, — principalement celles qui sont
isolées, — les unes très petites, les autres plus grosses dont le plus grand
diamètre varie de $\frac{1}{100}$ à $\frac{1}{400}$ de millimètre ; le plus grand nombre sont
réfringentes, les autres sont noires ; on reconnaît facilement que les premières sont des particules de porcelaine, les secondes, des poussières de
charbon et de fumée. Les corpuscules les plus petits sont généralement
groupés ; il est aisé de voir qu'ils ont été transportés par des globules
blancs qui sont morts et se sont altérés en abandonnant sur place leur
contenu. Du reste, à travers les produits inflammatoires de la boursouflure, on distingue des leucocytes non altérés déjà gorgés de particules
inorganiques. Toutes les poussières moyennes et les plus grosses, dont les
dimensions peuvent atteindre jusqu'à $\frac{1}{60}$ de millimètre, sont isolées dans
les espaces conjonctifs intervésiculaires. — Dans certaines alvéoles, on
voit l'élevure inflammatoire former couronne autour d'une particule
implantée à ce niveau ; dans d'autres, sa pénétration est plus avancée et
elle se trouve entièrement recouverte par les cellules embryonnaires.
Enfin, dans quelques-unes, on distingue les traces cicatricielles qu'a
laissées l'élément pénétrant, qu'on retrouve à peu de distance dans la
périphérie de l'alvéole.

Les traînées de corps étrangers remontent parfois le long des vaisseaux
alvéolaires ; elles doivent alors porter atteinte à la circulation capillaire,
car, en quelques points, on observe des infractus hémorragiques.

Les alvéoles atteintes se rencontrent aussi bien à la périphérie que
dans l'intérieur de l'organe ; mais c'est surtout dans les lobes antérieurs
(supérieurs, chez l'homme) que l'altération est le plus avancée. Il existe
même plusieurs vésicules déjà complètement oblitérées par les produits
de l'inflammation mélangés aux poussières. Je dois cependant ajouter
que les vésicules dont la membrane est entièrement altérée sont très
rares. Les bronches sont également attaquées ; plusieurs ont leur mem-

brane externe enflammée et d'autres sont presque obturées par les éléments inflammatoires; néanmoins, la pénétration des particules à leur niveau semble restreinte, car on rencontre peu d'éléments étrangers dans ces points, ainsi que dans le tissu périphérique.

b. — Bien qu'à leur arrivée dans les viscères digestifs, les poussières se trouvent diluées par les divers sucs qui s'y déversent, leur action irritante sur les muqueuses n'en est pas moins évidente et leur absorption s'effectue dans d'assez grandes proportions. Mais le mécanisme de l'imprégnation diffère un peu de celui qui a été observé dans l'appareil respiratoire. La pénétration des particules ne s'opère pas indistinctement sur toute la surface de la muqueuse gastro-intestinale. Si les traces d'irritation causées par les poussières se rencontrent un peu partout, parfois à des degrés élevés, surtout dans les parties saillantes ou resserrées de la membrane tapissante, ce n'est pourtant pas en ces points que l'absorption s'effectue de préférence; c'est au contraire au fond des replis et surtout dans les culs-de-sac glandulaires, et cela, aussi bien dans l'estomac que dans l'intestin. — Les particules, même d'un volume relativement élevé, s'introduisent au fond de ces replis et dans ces glandes, où elles se trouvent dès lors à l'abri du flux gastro-intestinal. Après avoir déterminé l'altération de l'épithélium, elles pénètrent dans la couche sous-muqueuse où on les retrouve disséminées et en petit nombre. On ne rencontre pas, comme autour des bronches et des alvéoles, des amas abondants de fines poussières, ce qui indique que l'absorption par les leucocytes, au niveau des points irrités ou altérés, est des plus restreintes. Cependant, un certain nombre de particules très fines sont absorbées par les globules blancs et entraînées par eux dans les vaisseaux lymphatiques et chylifères; on en retrouve les traces manifestes dans les ganglions situés sur le parcours de ces vaisseaux. — Ces constatations ont été faites à l'examen micrographique des organes de cobaïes placés durant plusieurs mois à proximité d'un tour de retouchage vers lequel a lieu une production très intense de poussières, s'étant déposées par conséquent en abondance sur les aliments ingérés par ces petits animaux. Je me borne à ces brèves considérations sur l'imprégnation des tissus stomacaux et intestinaux, me réservant de revenir plus loin sur ce sujet, à propos des troubles graves exercés par les poussières sur l'appareil digestif.

VI

Causes de la coloration ardoisée des tissus infiltrés

Lorsqu'on examine des poumons d'ouvriers porcelainiers décédés, l'on est frappé de leur coloration noirâtre ardoisée. Cette particularité est encore bien plus frappante sur les coupes qu'on pratique dans l'organe Dans certains cas la coloration est tellement intense et étendue que l'aspect de la coupe est analogue à celui du marbre noir entrecoupé de veines blanches-grisâtres ; dans d'autres elle a l'apparence du fromage de Roquefort dans les parties où les moisissures sont le plus abondantes. Il est vrai que chez les vieillards le poumon a toujours une couleur foncée noirâtre plus ou moins irrégulière ; mais dans les cas envisagés ici, il ne s'agit pas de personnes âgées, puisque les sujets visés n'atteignent parfois pas l'âge de quarante ans.

Sur les poumons des personnes jeunes n'ayant travaillé que peu de temps dans la porcelaine, la coloration noire se présente sous forme de stries plus ou moins irrégulières. Du reste, l'apparition des traînées noirâtres se manifeste déjà d'une façon très nette sur les coupes de poumons de pigeons et de cobaïes ayant séjourné une année dans les fabriques, à proximité des ouvriers, ce qui ne se rencontre jamais dans les conditions ordinaires de la vie de ces petits animaux.

Il est donc indéniable que la coloration ardoisée du tissu pulmonaire, en dehors de toute autre cause occasionnelle, peut être produite par le seul séjour de l'ouvrier dans la fabrique de porcelaine. Et, ce qui est curieux, c'est que cette coloration persiste indéfiniment, avec les mêmes caractères, lors même que sa cause productrice a cessé d'agir : on la retrouve toujours très accusée chez des personnes qui ne travaillent plus dans la porcelaine depuis plus de quinze ans ; et les stries noires sont toujours tranchées sur les organes des animaux d'expériences retirés depuis une année des ateliers.

La couleur ardoisée n'est pas spéciale aux poumons, on l'observe aussi sur les ganglions bronchiques et pulmonaires. Sur les coupes de l'estomac et de l'intestin elle est difficilement perceptible à l'œil nu, mais au microscope, les points foncés apparaissent assez nombreux. Tous les ganglions mésentériques présentent, à des degrés divers, la même particularité.

C'est incontestablement à celle-ci, envisagée dans les poumons, que se rattache l'expulsion de crachats d'une teinte plus ou moins ardoisée par les ouvriers porcelainiers. Ce phénomène ayant attiré l'attention des médecins, son interprétation a fait naître plusieurs théories. Comment expliquer, en effet, cette infiltration noirâtre par l'absorption des poussières produites par les manipulations de matières d'une blancheur irréprochable ? — Les particules foncées sont-elles de nature mélanique ou d'origine hématique ? Ou, sous l'action d'une cause inconnue, les poussières blanches acquièrent-elles cette teinte par leur séjour au milieu des éléments organiques ? Ou, enfin, la coloration est-elle de nature charbonneuse ou anthracosique ?

L'analyse micrographique et chimique, complétée par l'expérimentation, fournit une réponse satisfaisante et éclaire sur la cause déterminante réelle de cette particularité curieuse.

Si l'on examine au microscope, à un grossissement de 250 à 300 diamètres seulement, une coupe fine prélevée dans un poumon de porcelainier au niveau des parties les plus foncées, on remarque à travers les mailles du stroma fibreux des éléments irréguliers de grosseurs et de formes très variables, la plupart à contours anguleux, les uns plus ou moins clairs, plus ou moins réfringents, les autres également de formes différentes mais d'une teinte noire bleuâtre ou noire franche et d'une opacité plus ou moins complète. Les parties claires ou d'une nuance tranchant peu sur celle des faisceaux fibreux sont faciles à reconnaître pour des particules inorganiques, pour des poussières de porcelaine J'ajouterai qu'on rencontre aussi de très rares points d'un rouge-ocre : ce sont des poussières terreuses. Quant aux éléments noirâtres ou noirs-bleuâtres, ils affectent soit une forme anguleuse, soit une forme pointillée, soit encore une forme floconneuse ou bosselée ; cette dernière ne se rapporte qu'aux particules de couleur noir mat. Si l'on opère la dissociation, ou plutôt la destruction des fibres organiques à l'aide d'acides plus ou moins concentrés, toutes les particules inorganiques non attaquées deviennent libres et la préparation est en tous points semblable à une préparation faite avec des poussières qui se déposent sur les objets dans les fabriques. La distinction des diverses sortes de poussières devient alors facile et l'on n'a pas de peine à reconnaître dans les éléments plus ou moins anguleux, noirs, à reflet bleuâtre, des particules de charbon de terre et dans les éléments plus petits ou floconneux, des particules de fumée de ce charbon.

Si la coloration était de nature mélanique, les éléments dissociés auraient tous une réfringence très marquée et une forme nettement globuleuse ; si elle était d'origine uniquement hématique, elle serait entièrement altérée sous l'action des acides.

Cependant, si l'origine essentiellement hématique des éléments colorants ne peut être admise, elle ne doit pas non plus être complètement
écartée, tout au moins en ce qui concerne le tissu pulmonaire; car elle
joue incontestablement un rôle partiel dans la coloration de ce tissu. En
effet, la gêne circulatoire résultant de l'infiltration du tissu interalvéolaire
se traduit non seulement par de l'œdème, mais par des infractus hémorragiques. J'ai observé chez des animaux d'expériences soumis exclusivement à l'inspiration des poussières d'émail un grand nombre de ces infractus et de nombreux cristaux d'hématoïline dans les espaces interutriculaires, surtout dans les espaces interlobulaires. Il est à croire que ces
derniers produits ne se résorbent pas entièrement. J'ai remarqué, d'un
autre côté, que les éléments inorganiques foncés devenus libres à la suite
de la dissociation par les acides sur des coupes microscopiques ne sont
pas aussi condensés après la destruction organique qu'ils l'étaient auparavant ; et j'ai été amené à penser, avec raison, je crois, qu'un certain
nombre des éléments noirâtres, ceux qui ont disparu, ne pouvaient être
que des particules d'hématosine, derniers vestiges des anciens infractus
hémorragiques. Et ce qui appuie encore cette manière de voir, c'est que
la disparition des éléments colorés ne se produit pas dans la zone périalvéolaire immédiate bourrée d'éléments minéraux, mais surtout au niveau
des travées interutriculaires et surtout interlobulaires qui supportent le
réseau vasculaire.

Les éléments inorganiques de couleur foncée ne sont pas non plus des
parcelles d'émail ou de pâte qui se seraient teintées après leur pénétration,
sous l'action d'une cause inconnue. En effet, si l'on injecte sous la peau
d'un cobaïe, à proximité des ganglions de l'aine, des poussières de porcelaine prises au moulin à pâte, après les avoir agitées dans l'eau distillée,
on n'observe aucun point noirâtre dans les coupes faites dans les ganglions, même une année après que l'expérience a été faite.

Il est donc établi que la coloration ardoisée des tissus infiltrés par les
poussières qui se dégagent dans les fabriques de porcelaine est due principalement à la présence, parmi ces poussières, d'un nombre variable de
particules de charbon de terre et de fumée. Celles-ci étant, en effet,
rejetées au dehors en abondance par les cheminées des fours, pénètrent
facilement dans les locaux de la fabrique par les ouvertures et par les
interstices des portes et des fenêtres ; elles sont d'autant mieux attirées
vers l'intérieur des salles de travail qu'il y règne une température relativement élevée entretenue par des poêles ou des calorifères surtout ins-
tallés dans le but de faire sécher les pièces. Les poêles eux-mêmes, tous
chauffés au charbon de terre, donnent également lieu à un dégagement
important de poussières noires. Pour se convaincre de l'importance du

mouvement des poussières de charbon et de fumée du dehors vers l'intérieur des locaux, il suffit de placer une plaque de verre glycérinée à proximité d'une fissure de porte ou de fenêtre ; elle ne tarde pas d'en être
recouverte. D'un autre côté, la teinte foncée des poussières déposées
dans les locaux de travail est d'autant plus manifeste que ces locaux se
trouvent plus à proximité des fours. Le rôle des poussières de charbon et
de fumée dans la coloration ardoisée du poumon et des crachats des porcelainiers, autrement dit la nature anthracosique de cette coloration, m'a
apparu dès le début de mes recherches. J'exposais déjà mon opinion à ce
sujet dans une note ayant trait à la première des analyses micrographiques de poumons de porcelainiers que j'ai faites pour M. le Dr P. Lemaistre, professeur à l'Ecole de médecine de Limoges. Le compte rendu en a
été donné dans le *Limousin médical* de novembre 1893. Voici du reste le
paragraphe qui se rapporte à la nature des poussières infiltrées dans le
tissu pulmonaire : « ..... G. — J'ai dit que les particules inorganiques
sont disséminées un peu partout, mais leur condensation est surtout
très grande dans le tissu fibreux périvésiculaire : elles forment une véritable couronne d'un noir bleuâtre autour du noyau qui représente le ves-
tige de la vésicule pulmonaire. Leurs formes sont des plus diverses et leur
longueur varie de $\frac{1}{80}$ à $\frac{1}{300}$ de millimètre. Les particules noires ne sont
autre chose que des poussières de charbon minéral et de fumée de ce
charbon ; quant aux particules blanches qu'on distingue en oscillant la vis
du microscope, ce sont des poussières d'émail et de kaolin ; elles sont de
beaucoup les plus nombreuses. Pour se rendre compte de la nature de
ces petits corps, il suffit d'avoir recours aux dissociants ou aux dissolvants
très puissants qui détruisent la matière organique et respectent les parties
minérales et charbonneuses. Un moyen bien simple consiste à placer à
sec une coupe du tissu imprégné entre une lame et une lamelle et de
déposer une goutte d'acide nitrique sur le bord de cette dernière ; l'acide
pénètre rapidement entre les plaques et attaque la préparation ; au bout
d'une heure, il ne reste plus trace de celle-ci ; on ne voit plus qu'une poussière dont la distinction des éléments est des plus simples avec l'habitude.
La préparation est en tous points semblable à une préparation de poussières qui se sont déposées d'elles-mêmes sur une plaque laissée pendant
vingt-quatre heures dans un local d'espassage d'une fabrique, surtout si
ce local se trouve à proximité des fours. Je ne crois pas utile de donner
ici leurs caractères distinctifs. » Et j'ajoute :

« Je suis en mesure de fournir la preuve indiscutable de la nature
essentiellement inorganique de ces particules et je puis affirmer que la
coloration ardoisée des poumons et des crachats des porcelainiers est
due, non à la présence d'éléments d'origine hématique, mais à leur im-

prégnation par les particules de charbon et de fumée, qui se déposent en d'autant plus grande quantité dans les locaux des fabriques, que ces locaux se trouvent rapprochés des fours. En un mot, la chalicose des ouvriers porcelainiers est toujours accompagnée de plus ou moins d'anthracose. »

Comme on l'a vu, mes recherches ultérieures à cette date ont eu pour résultat de me rendre moins exclusif, en ce qui concerne du moins la nature de la coloration du tissu pulmonaire. Tout en maintenant le rôle très prédominant des particules de charbon et de fumée, j'admets l'action, accessoire, il est vrai, des éléments hématiques.

VII

Action des poussières sur les organes de la respiration

C'est naturellement sur l'appareil de la respiration que les poussières exercent de préférence leur action pernicieuse, puisqu'il est pour elles une porte d'entrée ouverte d'une façon permanente. Les désordres que ces éléments étrangers déterminent dans les organes respiratoires sont souvent tellement effrayants qu'on est surpris qu'ils n'aient pas plus vite annihilé leurs fonctions et déterminé la mort. Il est vrai que leur action désorganisatrice est lente, insidieuse et progressive, et ce n'est chez l'homme qu'au bout d'un certain nombre d'années qu'elle arrive à compromettre l'existence. Aussi, les organes des ouvriers qui ont succombé à la pneumoconiose chalicosique ne présentent-ils que les degrés extrêmes de l'altération organique, ceux qui sont incompatibles avec la vie ; et la désorganisation des tissus est généralement si avancée qu'il est impossible de se faire une idée exacte des phases successives qu'elle a dû parcourir pour arriver à son dernier terme. C'est la détermination de ces phases, c'est-à-dire des diverses périodes de l'infection chalicosique, que j'ai poursuivie. Il m'a paru, en effet, très intéressant d'établir d'une façon précise, dès son début, la marche progressive de l'altération organique déterminée par la pénétration des poussières, et afin de la suivre pas à pas, je n'avais pas d'autre moyen que celui du recours à l'expérimentation, ainsi que je l'avais déjà fait, afin de me fixer au sujet du mécanisme de l'imprégnation des tissus. A cet effet, j'ai soumis des petits animaux (cobaïes et pigeons) à l'action des poussières dégagées pendant la fabrication de la porcelaine. Mis dans des petites cages grillagées, *ad hoc*, ils ont été placés à côté des ouvriers et par conséquent dans les mêmes conditions et à la même distance qu'eux des foyers de production; j'ai sacrifié quelques-uns de ces petits animaux à des périodes différentes; d'autres ont succombé, — les cobaïes seulement, — à cause de leur sensibilité spéciale à l'influence du milieu pernicieux où ils vivaient; et c'est en faisant l'examen microscopique et micrographique de leurs organes que j'ai noté la marche progressive et l'âge des lésions produites par les éléments inorganiques inspirés. Les constatations que j'ai faites dans ces expériences m'ont permis de suivre l'échelle progressive de l'altération organique jusqu'au point où on la retrouve et la suit dès lors facilement dans les organes des ouvriers ayant succombé à des périodes plus ou moins avancées de la pneumoconiose chalicosique.

Je crois devoir négliger de consigner l'action des poussières sur les muqueuses nasale, laryngienne, trachéale, ainsi que sur celle des grosses ramifications bronchiques, parce qu'elles n'offrent qu'un intérêt secondaire; aussi me bornerai-je à m'occuper de cette action sur l'organe essentiel et le plus délicat de la fonction de respiration : le poumon.

Afin de ne pas surcharger inutilement ce mémoire, je me dispenserai de rapporter toutes les observations que j'ai consignées et les analyses microscopiques qui les concernent. Elles portent sur les organes d'animaux qui sont restés exposés, par séries, à l'action intensive des poussières dans les fabriques, pendant des périodes échelonnées de 150, 180, 254, 290, 338, 375, 400 et 427 jours pleins. A leur suite, viennent les analyses microscopiques des organes de porcelainiers ayant succombé dans les diverses phases de l'infection chalicosique.

Je vais donc, tout d'abord, passer rapidement en revue les diverses phases anatomo-pathologiques de la pneumoconiose chalicosique, en établissant une distinction entre les lésions récentes et les lésions anciennes, bien qu'à côté de celles-ci l'on retrouve toujours des traces plus ou moins étendues des premières. Je rapporterai ensuite quelques-unes des observations, — les plus intéressantes seulement, afin d'éviter des répétitions, — sur lesquelles je me suis appuyé pour tracer l'histoire anatomo-pathologique de la chalicose.

1° *Lésions récentes.* — L'action primordiale de la poussière introduite dans le poumon consiste dans l'irritation de l'épithélium bronchique et de l'endothélium alvéolaire. Cette irritation persistante détermine l'hypertrophie des éléments cellulaires, leur disjonction qui favorise la diapédèse des leucocytes et une sécrétion muco-plastique plus ou moins abondante; en un mot, il se produit une broncho-pneumonie lobulaire catarrhale restreinte à quelques lobules et d'abord localisée aux lobes supérieurs ou antérieurs. L'altération irritative du lobule et même de l'alvéole n'est le plus souvent que partielle.

Les parties atteintes du revêtement épithélial ou endothélial se trouvent dès lors dans un état favorable à la pénétration directe des particules les plus acérées dans le tissu péribronchique ou périalvéolaire. Cette pénétration, comme je l'ai déjà dit, s'opère de la même façon que celle d'une aiguille implantée dans les chairs. Quant aux particules les plus ténues, elles sont englobées par les leucocytes qui les emportent dans les espaces lymphatiques, après avoir cheminé à travers les éléments épithéliaux disjoints.

Si l'inspiration des poussières est très importante, ou s'il s'agit surtout de poussières tendres, la pénétration directe et l'absorption par les globules blancs étant impuissantes à dégager les fines bronches et les vésicules, les particules se mélangent aux produits de sécrétion et forment des agglomérats obstructeurs et irritants ; c'est l'origine des calculs pulmonaires et des pseudo-tubercules qu'on rencontre parfois dans les poumons des porcelainiers.

L'irritation persistante provoque un état inflammatoire qui se traduit par le retour à l'état embryonnaire des cellules épithéliales ou endothéliales, et leur prolifération. Il se produit, au niveau des endroits enflammés, un épaississement plus ou moins considérable du tissu : le calibre de la bronche se rétrécit, l'alvéole se comble, ou, si elle n'est que partiellement atteinte, il se forme dans son intérieur comme une sorte de bourgeon cicatriciel faisant hernie à l'intérieur. D'un autre côté, les particules libres qui ont pénétré dans le tissu interstitiel ou interalvéolaire, y jouent le rôle irritant de tout corps étranger ; sur tout leur parcours, elles déterminent une formation abondante de tissu embryonnaire. Le même rôle est joué par les leucocytes qui, trop chargés de particules, succombent en chemin et deviennent ainsi à leur tour des éléments nouveaux d'irritation. — Tout le tissu périalvéolaire subit rapidement la transformation embryonnaire ; les éléments prolifèrent activement et les espaces interutriculaires ne sont bientôt plus que des traînées épaisses de tissu cellulaire, entre lesquels on rencontre les corps étrangers et les leucocytes morts. Ainsi se produit l'hypertrophie des cloisons, qui détermine la compression et l'aplatissement des alvéoles voisines. On est étonné en voyant avec quelle rapidité s'effectuent toutes ces transformations morphologiques.

La lésion locale de l'alvéole occasionnée par la pénétration de la particule se cicatrise souvent après son passage : la plaie se ferme, mais le corps étranger ne continue pas moins à laisser sur tout son parcours dans le tissu interstitiel des traces bien évidentes de son action irritante ; à un moment donné, il se trouve cerné par les éléments embryonnaires dont il a provoqué la formation et il reste en ce point. — Les globules blancs gorgés de poussières qui succombent subissent le même sort ; les autres rejoignent les espaces, puis les vaisseaux lymphatiques et les ganglions, où plusieurs succombent encore sous leur charge.

Ces lésions récentes que je viens d'indiquer sont celles de la pneumonie interstitielle aigüe localisée, ou périlobulaire et périalvéolaire.

La prolifération des éléments du tissu interstitiel et l'hypertrophie qui en résulte n'ont pas seulement pour conséquence d'amener la compression, puis la disparition plus ou moins complète des vésicules pulmonaires. Cette compression s'exerce en même temps sur les vaisseaux, principalement sur les petites veines et les capillaires, dont les parois sont moins résistantes que celles des artérioles ; de plus, celles des veines sont entourées de lacunes lymphatiques obstruées par des leucocytes chargés de poussières. Il en résulte une gêne considérable de la circulation de retour, gêne qui se traduit par l'extravasation du sérum sanguin, c'est-à dire par la formation d'un œdème. Cet œdème, limité naturellement aux parties excentriques de l'organe, prend parfois des proportions considérables ; il a une étendue très variable, mais il ne fait jamais défaut ; on peut dire qu'il est une *lésion secondaire, mais constante* de la pneumonie interstitielle de nature chalicosique à son premier degré. Je l'ai observée aussi bien chez le pigeon que chez le cobaïe ; du reste, le mécanisme de sa formation s'explique facilement.

Dans quelques cas, la gêne circulatoire est telle qu'elle se manifeste non seulement par l'extravasation du sérum sanguin, mais encore par de véritables ruptures capillaires. Celles-ci sont bien le résultat d'une tension sanguine excessive et ne peuvent être mises sur le compte de la perforation des capillaires par les particules minérales, puisqu'on ne rencontre pas trace de ces éléments dans le voisinage des points hémorragiques. Les traces de ces derniers persistent, tandis que l'œdème n'est qu'une lésion passagère.

Si sur le même lobule on trouve des alvéoles plus ou moins comblées par la prolifération des cellules endothéliales et par les agglomérats poussiéreux, ou plus ou moins comprimées par l'hypertrophie interstitielle, on en rencontre d'autres qui, au contraire, ont conservé leur paroi presque intacte, mais se sont dilatées parfois d'une façon démesurée. Cette dilatation s'opère plus ou moins régulièrement. Si la cloison environnante n'est pas atteinte par le processus inflammatoire, le développement se fait régulièrement et la vésicule conserve sa forme sphéroïdale. Lorsque, au contraire, une zone plus ou moins étendue de la cloison est enflammée, toute la dilatation s'effectue aux dépens de la partie restée saine, il s'en

suit une déformation variable de l'alvéole. Cette dilatation utriculaire,
autrement dit cet *emphysème vésiculaire partiel,* existe toujours, mais à
des degrés très différents. Sa formation s'explique très bien par la suractivité physiologique imposée aux alvéoles pulmonaires restées saines,
chargées de suppléer celles qui sont atteintes et dont le rôle est plus ou
moins annihilé.

2° *Lésions anciennes.* — Il est rare que l'oblitération alvéolaire soit due
uniquement à la prolifération des cellules endothéliales. Généralement, la
vésicule est remplie en même temps de cellules endothéliales ayant subi
la dégénérescence granulo-graineuse, de leucocytes altérés, de mucus et
de poussières agglomérées ; tantôt il y a prédominance des premiers
éléments, tantôt des derniers, cela dépend, comme je l'ai dit, de la nature
des poussières inspirées. — La paroi alvéolaire en contact avec ces éléments s'indure et l'on se trouve en présence d'une petite nodosité ayant
l'aspect du tubercule cru ; c'est un pseudo-tubercule, dont la différencia-
tion avec le tubercule de la phtisie est assez facile par un examen micrographique attentif. — Les fines bronches subissent quelquefois la même
altération ; aussi, cette coïncidence facilite souvent le diagnostic différen-
tiel, — sans avoir recours aux recherches bactériologiques et aux inocu-
lations, — de la pseudo-tuberculose chalicosique et de la tuberculose
bacillaire.

A la suite de la dégénérescence et du ramollissement des produits qui
l'obstruent, l'alvéole devient fréquemment le siège d'un travail ulcératif
qui détermine une sécrétion muco-purulente dans laquelle nagent un
grand nombre de particules minérales mises en liberté à mesure de la
destruction du tissu qui les emprisonnait. C'est là la source des crachats
ardoisés caractéristiques de la pneumoconiose chalico-anthracosique des
porcelainiers.

Les éléments inflammatoires interstitiels ne tardent pas à subir une
nouvelle transformation morphologique qui les ramène peu à peu à l'état
fibreux ; c'est, par le fait, un véritable phénomène de cicatrisation qui
s'opère, et cette transformation s'effectue sans diminuer sensiblement
l'hypertrophie de la période aiguë. — Les cloisons interlobulaires et
interalvéolaires, — si toutefois l'on peut encore les appeler ainsi, —
deviennent de larges travées fibreuses parsemées de particules minérales
et charbonneuses qui se trouvent dès lors comme enkystées. C'est ainsi
que se forment les noyaux scléreux plus ou moins étendus qu'on observe
dans le poumon du porcelainier. Il est facile de voir que cette sclérose
diffuse débute par la paroi alvéolaire.

Les alvéoles primitivement comprimées et aplaties par le fait de l'hyperplasie interstitielle sont restées telles. Celles qui avaient leurs membranes intactes ne sont représentées que par une ligne sinueuse constituée par un double rang de cellules endothéliales, cependant hypertrophiées et cubiques malgré leur compression. Les autres, de beaucoup les plus nombreuses, dont les parois étaient atteintes, forment des traînées sinueuses plus ou moins épaisses de cellules endothéliales et de leucocytes altérés mélangés à des poussières. L'*atélectasie* qui existait à l'état aigu a donc persisté avec la chronicité, même en s'accentuant.

Les tissus primitivement œdématiés ont été envahis progressivement par l'inflammation et ils ont subi, à leur tour, les transformations embryonnaire, puis fibreuse, mais plus tardives que dans les autres points. Ces métamorphoses organiques apparaissent d'une façon très claire sur les coupes faites dans les zones limites.

Parmi les alvéoles pulmonaires qu'on a vues dilatées dès le début et dont le développement s'est encore accru, il en est dont les parois se sont rupturées, non sous l'action de leur irritation ou de leur pénétration par les poussières, mais par le seul fait de leur surmenage physiologique ; les abouts rupturés, non enflammés, sont repliés sur eux-mêmes, par suite de la rétraction de leurs fibres élastiques. L'emphysème, primitivement vésiculaire, est devenu en partie interstitiel.

Il est à remarquer que la rupture s'observe principalement dans les utricules dont le tissu péripérique est peu altéré, et toujours dans un point où il est resté normal, c'est-à-dire où il offre le moins de résistance. Souvent même la déchirure n'intéresse pas seulement la membrane endothéliale, mais encore la cloison intervésiculaire tout entière, et il y a communication plus ou moins large entre deux alvéoles, avec rétraction plus ou moins grande des abouts rupturés qui ont pris l'aspect de moignons ayant la forme de petits champignons.

Dans les points où la muqueuse bronchique a été le plus atteinte, elle s'est épaissie ; les petits canaux aériens deviennent irréguliers, bosselés ; les parties voisines de celles atteintes se dilatent. D'un autre côté, la membrane externe conjonctive de la bronchiule a été atteinte par l'inflammation interstitielle, ses lacunes lymphatiques se sont obstruées de leucocytes et elle a subi la dégénérescence fibreuse. Aussi, en beaucoup d'endroits le processus intra et extrabronchique a déterminé l'obturation complète du canal, passé alors à l'état de cordon plein. En somme, il y a eu dilatation ou rétrécissement, souvent obturation, suivant les points et suivant le degré de l'altération organique.

A propos des lésions récentes, on a vu que la compression vasculaire avait pour premiers résultats de déterminer de l'œdème et des ruptures capillaires. Mais l'altération ne se borne pas là : l'inflammation interstitielle ne tarde pas d'envahir la membrane externe des vaisseaux, bientôt comprimés dans une enveloppe fibreuse qui les emprisonne et nuit à leur élasticité. Il arrive fréquemment que leur membrane interne elle-même est atteinte : il y a endartérite ou phlébite et, dans ce cas, le résultat final est analogue à celui que j'ai signalé pour les bronches : le vaisseau s'obture et, suivant le point où porte la coupe, on trouve, ou un cordon plein, ou l'enveloppe renfermant un caillot sanguin plus ou moins altéré. Cette altération n'atteint généralement que les artérioles de faible calibre et des veines; dans ce cas, l'irrigation de la partie très limitée desservie par le vaisseau atteint se fait par des rameaux anastomotiques. Si le vaisseau altéré est volumineux, l'irrigation d'une section organique importante ne peut plus s'effectuer de cette façon ; dès lors, les tissus privés du fluide sanguin ne tardent pas à tomber en voie de mortification, leurs éléments se décomposent et il se forme un noyau plus ou moins étendu de nécrose. Parfois les tissus voisins de la partie nécrosée sont eux-mêmes profondément altérés et ils n'ont plus assez de vivacité pour réagir et constituer une barrière disjonctive, et l'on se trouve en face de cavernes très anfractueuses, à parois déchiquetées, mais non organisées. Les produits sphacélés baignent les parties voisines et les détruisent progressivement. — Mais, le plus souvent, il y a réaction des éléments environnants et formation d'une coque fibreuse isolatrice. Les cavernes de la pneumoconiose, celles à parois organisées notamment, ont beaucoup d'analogie avec celles de la tuberculose, mais l'aspect de leur contenu est différent.

Le tableau anatomo-pathologique succinct que je viens de présenter donne une idée suffisante et exacte des altérations successives provoquées par les poussières des fabriques de porcelaine sur le poumon. La distinction que j'ai établie entre les lésions anciennes et les lésions récentes est logique au point de vue anatomo-pathologique, mais elle devient arbitraire au point de vue clinique ; car si les dernières se rencontrent seules au début, on les retrouve quand même au voisinage des premières dans la chronicité.

En effet, sur un poumon de porcelainier qui a succombé à la pneumoconiose, on rencontre souvent en même temps une association plus ou moins complète de toutes les altérations anciennes et récentes que j'ai signalées, et même des noyaux restés sains. Heureusement que les lobules, au lieu d'être attaqués tous en même temps, ne le sont que partiellement et séparément, sans quoi les effets de l'absorption des poussières seraient presque foudroyants. Ces lésions propres à la pneumoconiose coexistent très souvent avec celles de la tuberculose.

PRINCIPALES OBSERVATIONS

1° Analyses micrographiques de poumons d'animaux d'expériences.

A. — *Pigeons placés le 8 décembre 1892 dans un atelier de retouchage à la main, à 0^m,50 des ouvrières ; sacrifiés le 8 mai 1893.*

Ces animaux ont conservé toutes les apparences d'une bonne santé ; cependant, vers les derniers temps leur respiration s'est accélérée ; ils sont essoufflés. Ils sont en bon état de chair. Pendant leur séjour dans l'atelier une femelle a pondu trois fois.

A l'examen macroscopique, les poumons présentent des petits foyers de pneumonie récente se traduisant par des plaques rougeâtres et un piqueté noirâtre principalement vers les bords postéro-externes. L'examen micrographique a été fait à l'état frais, puis après durcissement pendant un mois dans l'alcool.

La plupart des vésicules sont intactes ; mais il en est un grand nombre qui sont altérées sur une plus ou moins grande partie de leur pourtour. L'endothélium, intact en certains points, est en voie de prolifération dans d'autres. On voit alors une petite boursouflure cellulaire, rentrant à l'intérieur de la vésicule, composée de cellules épithéliales plus ou moins irrégulières. Ce n'est qu'autour de ces alvéoles atteintes qu'on rencontre des points noirâtres et d'autres plus ou moins réfringents ; ce pointillé contourne même la partie restée normale et forme ainsi une auréole incomplète autour de la vésicule, dans la zone conjonctive immédiate qui l'entoure. Les petits corps isolés ou réunis en groupes, sont faciles à reconnaître pour des poussières de formes diverses, la plupart à angles aigus, — principalement celles qui sont isolées, — les unes très petites, les autres dont le plus grand diamètre varie entre 1/400 et 1/100 de millimètre ; les unes sónt noires, les autres réfringentes ; il est facile de reconnaître que celles-ci sont des poussières de porcelaine, celles-là des particules de charbon minéral. Les corpuscules les plus petits sont géné- ralement groupés ; on voit qu'ils ont été apportés par des globules blancs qui sont morts sur place en abandonnant les poussières dont ils s'étaient chargés. Les particules les plus grosses atteignant jusqu'à 1/50 de milli- mètre sont solitaires, tandis que les moyennes, également isolées, se rencontrent surtout en trainées dans les espaces conjonctifs. Ces trainées remontent quelquefois le long des tuyaux alvéolaires.

La proportion des vésicules atteintes par rapport à celles restées saines est environ de 1 à 20 ; on les rencontre aussi bien à la périphérie que dans l'intérieur du poumon. On voit aussi des vésicules complètement oblitérées par les produits inflammatoires.

Les bronches elles-mêmes sont atteintes ; plusieurs ont leur mem- brane enflammée ; d'autres sont presque obturées par les produits de l'inflammation dans lesquels on ne rencontre qu'exceptionnellement des particules étrangères.

Les vésicules altérées sur tout leur pourtour sont rares ; le tissu con- jonctif qui les entoure est complètement infiltré de particules. Les élé- ments de ce tissu sont en voie de prolifération ; autrement dit on ren- contre déjà des noyaux de pneumonie interstitielle récente. L'épaississe- ment des cloisons consécutif à cette prolifération se remarque surtout à l'origine des divisions du lobule. Le tissu inflammatoire n'est encore cons- titué que par des cellules embryonnaires ; il n'y a encore pas trace d'or- ganisation et encore moins de sclérose. Les travées épaissies sont donc uniquement constituées par des éléments cellulaires entre lesquels on trouve quelques particules minérales isolées et plusieurs incorporées dans des leucocytes. Dans quelques endroits les noyaux inflammatoires sont très étendus et ils ont déterminé la disparition, par compression, de plusieurs vésicules non atteintes directement. Au voisinage de ces points les vaisseaux sont gorgés de globules ; ils ont été eux mêmes étran- glés par le processus inflammatoire et la zone qui les entoure est œdé- matiée.

En résumé, à certains endroits on ne voit que de la broncho-pneumo- nie lobulaire catarrhale, avec altération plus ou moins avancée et plus ou moins étendue de l'épithélium bronchique et de l'endothélium alvéolaire ; dans d'autres, c'est la pneumonie interstitielle qui prédomine et elle débute en général dans les points où la poussière s'observe.

L'infiltration poussiéreuse part de la lésion initiale de la vésicule. La pénétration des particules les plus grosses et de quelques petites s'effectue isolément, tandis que celle des éléments microscopiques s'opère par l'intermédiaire des globules blancs, dont plusieurs restent sur place tant ils sont gorgés de leur contenu granuleux. Le dépôt des poussières débute dans la zone immédiate de la paroi alvéolaire autour de laquelle elle forme une couronne plus ou moins complète.

La circulation capillaire est considérablement gênée ; et cette entrave se traduit par un engorgement vasculaire, par des ruptures capillaires et surtout par un œdème important des cloisons intervésiculaires. Les fibres conjonctives intervésiculaires nagent dans l'épanchement séreux rosé avant qu'elles aient été atteintes par le processus inflammatoire ; l'œdème disparaît à mesure que celui-ci fait son apparition. L'épanchement séreux est surtout localisé à la périphérie et dans la région antérieure du poumon.

B. — *Cobaïe femelle placée le 8 décembre 1892 à 0^m,50 d'un tour de retouchage et ayant succombé le 8 juin 1893. (Cet animal était par conséquent à proximité d'un foyer intense de production de poussières d'émail).*

Ce cobaïe était bien essoufflé depuis quelque temps, mais rien ne faisait prévoir une fin aussi rapide (il a succombé à une rupture stomacale). A l'autopsie, ce qui surprend de prime abord c'est l'état congestionnel très manifeste du poumon. L'organe est en effet volumineux, rougeâtre, œdématié ; il ne s'affaisse pas et mis dans l'eau il tombe rapidement au fond du vase. En pratiquant des sections en tous sens, on voit que la congestion atteint principalement les lobes antérieurs et les bords postéro-externes ; à ces niveaux le tissu est complètement œdématié. La coloration foncée est tellement intense qu'on ne peut distinguer s'il existe des points noirs.

L'examen des coupes prélevées dans les lobes antérieurs est surtout des plus intéressants. Les fines bronches et les bronchiules ont leur épithélium altéré ; en plusieurs points leur lumière est en partie oblitérée par des amas de cellules épithéliales englobées dans du mucus. L'altération n'est pas avancée et elle n'intéresse que la couche superficielle de la muqueuse. On rencontre bien quelques particules minérales mélangées aux produits inflammatoires, mais aucune d'elles n'a encore pénétré à ces niveaux.

Quant aux alvéoles pulmonaires, leur altération n'est pas non plus bien avancée ; quelques-unes seulement ont leur endothélium déchiré et en voie de prolifération dans certains points ; celles qui sont obstruées par des produits inflammatoires sont très rares. Ce qui frappe surtout, c'est la rétraction des unes et la dilatation des autres, en un mot leur grande inégalité ; celle-ci n'a pas sa cause dans l'état d'intégrité ou d'altération plus ou moins avancée de l'alvéole elle-même, mais dans le degré variable de compression exercée par l'épanchement qui s'est produit dans les espaces interutriculaires. Les cloisons sont très larges, très épaisses et il apparaît très nettement que leur hypertrophie est produite exclusivement par l'exsudat sanguin qui, en certains endroits, forme de véritables nappes rosées. En quelques points l'épanchement est constitué uniquement par du sérum ; dans d'autres, il y a également extravasation de globules sanguins en nombre très variable.

En somme, il y a distension considérable des espaces interalvéolaires par de la sérosité sanguinolente, et la compression ainsi exercée par un produit liquide sur les cellules pulmonaires explique leur rétrécissement régulier, sans déformation, par suite de la répartition de la pression sur tout leur pourtour. L'épanchement s'étend aussi bien autour de celles qui sont atteintes ; pourtant, au niveau de celles-ci on remarque un grand nombre de particules de porcelaine et de charbon nageant dans la sérosité environnante ; les unes y sont à l'état libre, les autres, incorporées dans des globules blancs. Mais, je le répète, l'infiltration des poussières ne semble pas proportionnée à l'épanchement plastique, et dans les points où celui-ci est le plus abondant, il n'y a pas encore trace de prolifération des éléments fibro-cellulaires. Il est même à remarquer que c'est plutôt dans les points les moins infiltrés que l'inflammation interstitielle débute, ou tout au moins qu'elle semble mieux apparaître.

Les capillaires sont gorgés de sang, très distendus, variqueux et ils sont rupturés en quelques endroits.

Sur les coupes prélevées vers le milieu des lobes, l'infiltration œdémateuse est beaucoup moins accusée et elle ne s'observe que sous forme d'îlots plus ou moins étendus. La plus grande partie du tissu est même restée saine et ce n'est qu'en de très rares points bien circonscrits qu'on observe un début de pneumonie interstitielle avec commencement de déformation des alvéoles, compression des unes et distension (*emphysème*) des autres, avec commencement d'infiltration par les poussières.

En résumé, l'examen microscopique du tissu pulmonaire décèle : 1° un état congestionnel intense, avec infiltration séro-sanguine très abondante dans les lobes antérieurs et en général dans toute la périphérie de l'organe, avec compression régulière des alvéoles à ce niveau et dilatation de celles-ci dans les points immédiatement avoisinants ; 2° une broncho-pneumonie catarrhale peu avancée, très diffuse et n'intéressant qu'un très petit nombre d'alvéoles dont l'altération n'est le plus souvent que partielle ; 3° une infiltration chalico-anthracosique importante seulement dans quelques parties œdématiées, mais existant néanmoins dans d'autres points ; 4° une pneumonie interstitielle débutante, restreinte à quelques endroits disséminés, dans toute l'étendue de l'organe.

C. — *Cobaïe femelle mise le 8 décembre 1892 dans le local des mouleurs à 0^m,80 d'un tour et ayant succombé le 20 août 1893.*

Le poumon est dense ; il ne revient pas sur lui-même et c'est à peine s'il se maintient à la surface de l'eau. Les lobes antérieurs ont un aspect rouge-brunâtre et le reste de la surface présente une coloration rouge foncé presque uniforme, excepté vers les bords, où la teinte est plus pâle. Les sections pratiquées en divers points de l'organe, après son durcissement dans l'alcool, accusent également des teintes variées suivant les endroits.

Tout à fait vers l'extrémité antérieure des lobes, le tissu est d'un gris uniforme entrecoupé de veines ou de points bruns. Au niveau de la partie moyenne du lobule antérieur, la teinte est d'un rouge foncé parsemé de veines et de points grisâtres. Vers le milieu du lobe principal, le tissu est d'un rouge foncé uniforme, excepté vers le bord externe où il existe une petite bordure jaunâtre. Enfin, vers la partie postérieure de l'organe, les deux tiers supérieurs de la section verticale ont une coloration rouge et le tiers inférieur est gris jaunâtre. Quant à l'examen micrographique, voici ce qu'il décèle : les préparations faites avec les lobes antérieurs montrent une altération déjà avancée du tissu pulmonaire, altération cependant bien inégale suivant les endroits où portent les coupes. Sur la partie de la coupe correspondant au bord externe, le tissu est œdématié sur une petite étendue ; les alvéoles sont réduites, mais peu déformées ; les cloisons sont remplies d'une sérosité tenant en suspension beaucoup de globules blancs chargés de poussières et une infinité de particules à l'état libre, parmi lesquelles un assez grand nombre d'éléments charbonneux. Dans presque tout le reste de la préparation, les alvéoles sont profondément atteintes ; les unes sont entièrement obstruées, soit par des produits épithéliaux, soit par du muco-pus tenant en suspension une quantité considérable d'éléments minéraux apparaissant sur les sections sous forme d'un pointillé grisâtre ; — les autres sont littéralement aplaties et déformées par suite de la compression exercée par l'excessive prolifération du tissu interalvéolaire. Il est fort peu de cellules pulmonaires atteintes partiellement comme dans les observations précédentes. En beaucoup de points toute trace des utricules a disparu et l'on ne rencontre que du tissu inflammatoire ; celui-ci n'a pas le même aspect dans tous les points. Il existe des îlots entièrement constitués par du tissu embryonnaire ; ailleurs, l'organisation de ce tissu a déjà commencé et il est remplacé par de grandes cellules à contours très irréguliers ; il est même quelques points où il a subi la transformation fibreuse et où l'on observe bien les nouvelles travées fibreuses caractérisant le début de la sclérose.

L'altération des tuyaux bronchiques est loin d'être aussi avancée que celle des alvéoles. L'épithélium de la muqueuse est presque partout normal ; mais, par contre, beaucoup de bronches et de bronchiules sont obstruées par des bouchons muqueux emprisonnant une masse de poussières très fines,

Dans la partie de la coupe correspondante à l'œdème, les capillaires sont dilatés et gorgés de globules, sans qu'il y ait extravasation de ceux-ci ; au contraire, dans tous les endroits où l'inflammation interstitielle est intense, leur calibre est considérablement rétréci, de même que celui des petites veines et des artérioles.

Sur les coupes provenant des parties moyenne et postérieure du poumon, l'œdème ne s'observe encore que tout à fait à la périphérie ; partout ailleurs, c'est encore l'inflammation récente des espaces interalvéolaires qui occupe la plus grande place ; la prolifération est avancée et le tissu embryonnaire a presque partout refoulé les utricules dont un très petit nombre sont restées saines, mais se sont bien dilatées (emphysème vésiculaire). Ce n'est que tout à fait dans les parties correspondantes à la base de l'organe qu'il reste une bande de tissu à peu près normal. Les particules minérales sont disséminées à travers les éléments inflammatoires ; elles sont néanmoins très abondantes dans toute la zone périphérique.

Les alvéoles oblitérées par des produits épithéliaux ou muqueux sont beaucoup moins nombreuses que dans les lobes antérieurs, et il en est de même pour les bronches.

J'ai dit que seules les couches extérieures de l'organe, surtout les bords externes, sont infiltrés de sérosité. Cette zone œdématiée sert de bordure à la zone constituée par du tissu embryonnaire. Par l'examen des limites de ces deux zones, il est facile de voir que le processus inflammatoire marche de l'intérieur vers la périphérie, autrement dit, que la phase œdémateuse précède la période embryonnaire.

En somme, l'altération pulmonaire, dans ce cas, se résume ainsi :
1° lésions très prédominantes de pneumonie interstitielle dans toutes ses
phases de l'état aigu (congestion, œdème, transformation embryonnaire
et même commencement d'organisation de ce tissu, avec traces de travées
scléreuses) ; 2° foyers de pneumonie catarrhale très diffus, avec oblitération des alvéoles par des produits épithéliaux ou muqueux emprisonnant des poussières ; 3° altération bronchique insignifiante, mais obstruction des canaux aériens des lobes antérieurs par des particules englobées
de mucus ; 4° infiltration chalico-anthracosique très diffuse, mais surtout
très importante dans les régions antérieures du poumon.

D. — *Cobaïe mâle placé le 5 décembre 1892 à 0ᵐ,80 d'un tour de retouchage ; il a succombé le 22 septembre 1893.*

Le poumon est volumineux ; il a une couleur pâle sur la plus grande
partie de sa surface, excepté vers les lobes antérieurs où il présente des
taches brunâtres irrégulières. Il est emphysémateux et il surnage facilement quand on le jette sur l'eau.

Sur les coupes faites dans les lobes antérieurs, les altérations du tissu
pulmonaire apparaissent aussi curieuses que variées. Dans toute la partie périphérique du lobe, la plupart des vésicules ont disparu, car, à ce
niveau l'inflammation périalvéolaire est très intense ; on ne rencontre
que des éléments embryonnaires mélangés à une multitude de leucocytes
chargés de particules de kaolin et de charbon. Les quelques rares vésicules ayant résisté à la pression extérieure sont gorgées de cellules endothéliales altérées et de globules blancs qui ont succombé sous leur
charge de poussière. En dedans de cette zone, l'inflammation interstitielle s'affaiblit considérablement et elle est répartie d'une façon très
irrégulière ; les alvéoles ont conservé à peu près leurs dimensions normales, mais elles ont perdu leur régularité. Une partie plus ou moins
étendue des cloisons est épaissie, alors que l'autre est normale ou s'est
même rétrécie. A ce niveau, l'oblitération des utricules par les produits
inflammatoires ne se rencontre plus. Quelques-unes ont seulement une
partie de leur endothélium plus ou moins altéré, ou recèlent quelques
cellules endothéliales détachées. Vers le centre de la préparation, les lésions revêtent un caractère tout différent : les vésicules sont très dilatées,
irrégulières, anfractueuses ; les cloisons, normales en certains points,
sont très amincies dans d'autres, et en beaucoup d'endroits elles sont

même rupturées. Tantôt la rupture est complète et il y a communication entre deux ou plusieurs alvéoles ; mais le plus souvent elle est incomplète et la communication s'établit seulement avec le tissu interstitiel. On voit nettement que la rupture est le résultat d'une distension exagérée et non la conséquence d'une altération préalable de la paroi alvéolaire; puisqu'il n'y a pas trace inflammatoire des bords de l'ouverture. Les fibres élastiques de la cloison sont également rupturées et forment un petit moignon fibrillaire recourbé vers l'intérieur de la vésicule. La plaie ainsi produite, plus ou moins béante, recèle parfois des leucocytes et souvent des poussières fines à l'état libre ou englobées dans des produits plastiques. Il est à remarquer que dans cette zone emphysémateuse, les lésions de pneumonie catarrhale diffuse sont rares et l'altération de l'endothélium n'est que partielle. D'un autre côté, à ce niveau, l'infiltration des poussières est presque nulle. Les particules qu'on rencontre en dehors des points rupturés sont incorporées dans des leucocytes ou dans du mucus accolés à la paroi alvéolaire.

Dans toutes les autres parties du poumon, les noyaux de pneumonie interstitielle sont très disséminés et peu étendus, tandis que les lésions emphysémateuses y sont des plus manifestes.

En somme, dans ce cas, l'on distingue : 1° une pneumonie interstitielle avancée, surtout localisée à la zone externe des lobes antérieurs ; 2° une inflammation de même nature restreinte et répartie très irrégulièrement, alternant avec des lèsions emphysémateuses (emphysème vésiculaire en certains points, interstitiel dans d'autres) d'autant plus importantes qu'on se rapproche des parois postérieures de l'organe ; 3° des lésions de pneumonie catarrhale diffuses et restreintes ; 4° enfin il y a absence d'œdème.

E. — *Cobaïe mâle mis le 8 décembre 1892 à 0ᵐ,80 d'un tour de moulage ; il a succombé le 11 novembre 1893.*

Le poumon est volumineux, ferme au toucher, peu compressible ; il a presque la densité de l'eau. Les lobes antérieurs ont l'apparence grisâtre du tissu induré, tandis que les régions postéro-inférieures de l'organe sont œdématiées.

A l'examen micrographique des coupes prélevées dans les parties antérieures, ce qui frappe aussitôt, c'est l'épaississement considérable des cloisons interalvéolaires. En beaucoup d'endroits cet épaississement est tellement accusé qu'il a entraîné la disparition entière, par compression, des vésicules. Dans les points où l'inflammation est moins avancée et moins étendue la lumière des alvéoles n'a pas encore disparu, mais elles sont bien aplaties et complètement déformées ; elles ont pris l'apparence de petits boyaux allongés et sinueux.

Les éléments inflammatoires n'ont pas partout les mêmes caractères et par conséquent le même âge. Dans les parties où l'épaississement des cloisons est le plus important, on rencontre surtout des cellules embryonnaires mélangées à des globules blancs ; ce sont les dernières atteintes, celles où l'inflammation interstitielle est encore à la première phase de l'état aigu. Vers les bords, c'est-à-dire dans toute la zone périphérique avoisinant la plèvre, les éléments cellulaires sont très volumineux, irréguliers, plus ou moins allongés, et même en beaucoup d'endroits la transformation fibreuse est complète. Cette transformation, suivie de la régression partielle du tissu, a eu pour effet de dégager un peu les alvéoles, qui restent néanmoins aplaties, mais plus apparentes.

Enfin, dans la majeure partie de la coupe, l'épaississement est formé par de grandes cellules irrégulières, autrement dit, par du tissu cellulaire en voie d'organisation ; c'est la phase moyenne de l'altération. A ce niveau, les vésicules sont toujours aplaties et tortueuses, et celles qui ont conservé leur forme normale sont rares.

L'altération de l'endothélium alvéolaire n'est pas avancée et seulement localisée à une partie du pourtour ; aussi est-il un très petit nombre de vésicules dont l'intérieur soit complètement obstrué par des produits inflammatoires. En somme, il n'y a presque que de l'inflammation interstitielle plus ou moins avancée et à des degrés variables. L'altération des bronches est insignifiante. Les poussières de kaolin, d'émail et de charbon se trouvent disséminées en très grand nombre parmi les éléments organiques ; elles sont en général volumineuses et libres ; il en est très peu qui ont été entraînées par les leucocytes.

Dans les parties moyenne et postérieure de l'organe la période inflammatoire avancée que j'ai signalée ailleurs n'existe plus ; on ne rencontre plus que le premier et le second degré, le premier surtout. Il est même beaucoup de points où il y a seulement congestion et infiltration séreuse, principalement vers les bords des lobes. L'altération de l'alvéole elle-même est plus importante que dans la région antérieure : tout en étant plus ou moins déformée par l'épaississement des cloisons, sa membrane interne est enflammée, les cellules endothéliales sont gonflées et détachées et plusieurs utricules sont entourées d'une zone infiltrée de sérosité. Il n'existe pas d'altération bronchique et vasculaire manifeste. Les particules minérales et charbonneuses sont moins abondantes que dans les lobes antérieurs ; elles sont aussi plus fines, toujours libres et non incorporées dans les globules blancs.

F. — *Cobaïe mâle placé le 8 décembre 1892 à 1 mètre d'un tour de retouchage ; il a succombé le 17 décembre 1893.*

Ce petit animal maigrit depuis quelque temps, mais il continue à se nourrir. Il est atteint d'une tuberculose avancée du foie, de la rate et des ganglions, qu'il a contractée incontestablement dans l'atelier. Si le poumon présente des traces manifestes de pneumonie lobulaire, il ne contient aucun tubercule. Le foie, la rate et les ganglions mésentériques sont farcis de tubercules de la grosseur d'un pois à celle d'un grain de mil, à contenu caséeux. L'examen microbiologique y a décélé la présence du bacille de Koch.

Le poumon est dense, c'est à peine s'il surnage ; il a une teinte rougeâtre irrégulière aussi bien à sa surface que sur les coupes.

On remarque une altération relativement peu avancée du tissu pulmonaire dans son ensemble. Ce qui prédomine partout, aussi bien dans les régions moyenne et postérieure que dans les lobes antérieurs, c'est la pneumonie interstitielle récente avec transformation complète des cloisons intervésiculaires en tissu cellulaire, avec épaississement considérable de ces cloisons et déformation importante des alvéoles. Dans la zone périphérique de l'organe il existe beaucoup de points dans lesquels le tissu est infiltré par de la sérosité et en ces endroits les vésicules sont les unes rétrécies, les autres démesurément agrandies.

En somme, dans le centre de la coupe d'un lobe on observe presque exclusivement de l'inflammation interstitielle, tandis que vers la périphérie, on trouve en même temps que cette lésion et en proportions variables, de l'œdème et de l'emphysème vésiculaire, avec prédominance de l'un ou de l'autre suivant les endroits. Les points absolument normaux sont rares.

Les cloisons épaissies par les éléments inflammatoires ou par l'œdème sont parsemées de globules blancs gorgés de particules minérales, dont un petit nombre cependant sont restées libres et isolées.

Dans quelques points, même étendus, les alvéoles ont entièrement disparu par compression ; ailleurs, elles sont aplaties, sinueuses. L'altération de leurs parois n'est pas proportionnée à celle des cloisons ; beaucoup ont, il est vrai, une partie de leur membrane endothéliale déchirée et altérée, mais il n'en est qu'un très petit nombre dont l'intérieur soit comblé par des produits épithéliaux ou embryonnaires.

Les bronchiules ont leur épithélium irrité, gonflé et détaché en beaucoup de points ; elles contiennent des dépôts muqueux tenant en suspension des globules de pus.

Ce qui est surtout remarquable, c'est la dilatation des capillaires et leur rupture en bien des endroits, dans la zone d'inflammation interstitielle.

En résumé, on rencontre dans toute l'étendue de ce poumon et d'une façon irrégulière, mais prédominante, des lésions de pneumonie interstitielle au second degré, sans traces de sclérose ; de la congestion et de l'œdème localisés à la périphérie et des points d'emphysème disséminés un peu partout. L'infiltration par les particules minérales est peu abondante et surtout due aux leucocytes.

G. — *Pigeons placés le 5 décembre 1892 à 0ᵐ,50 d'un tour servant à l'usage des grains ; sacrifiés le 10 janvier 1894.*

Les pigeons ont conservé les apparences d'une bonne santé ; cependant leur respiration est très accélérée. La femelle a pondu trois fois. Le poumon a sa surface extérieure grisâtre, parsemée d'un pointillé rouge et noir ; sa densité est relativement élevée, c'est à peine s'il se maintient à la surface de l'eau.

A l'examen microscopique, on observe une altération générale du tissu pulmonaire. Les points où il est resté sain sont bien rares et limités. L'altération prédominante consiste dans un épaississement considérable des cloisons alvéolaires et leur transformation en tissu cellulaire. En beaucoup d'endroits, la prolifération est telle que les vésicules sont très réduites ou même ont complètement disparu ; leur réduction s'est opérée assez régulièrement dans tous les sens ; aussi n'observe-t-on pas leur aplatissement comme dans le poumon du cobaïe.

Vers la périphérie du poumon on trouve quelques nappes œdémateuses très restreintes qui se fusionnent avec des noyaux étendus de tissu embryonnaire ayant subi un commencement d'organisation : les cellules qui constituent entièrement les cloisons sont grandes, polygonales, irrégulières et leur transformation en tissu fibreux est déjà apparente dans les parties inféro-antérieures, c'est-à-dire les plus rapprochées des troncs bronchiques.

Les culs-de-sac aériens ont subi une altération d'autant moins profonde qu'on se rapproche de la périphérie de l'organe ; beaucoup ont leur membrane endothéliale déchirée et leurs parois infiltrées de particules minérales, mais on ne rencontre pas l'obstruction alvéolaire par des produits épithéliaux dégénérés qui a été observée dans les autres cas. L'altération organique, de même que l'infiltration minérale et charbonneuse, sont surtout bien évidentes sur les canicules pulmonaires. On sait que ceux-ci sont hérissés de replis qui forment des cloisons irrégulières délimitant les aréoles. L'épithélium de ces canaux est profondément déchiré et altéré ; leurs parois sont littéralement bourrées d'amas de poussières libres ou incorporées dans des leucocytes ; ce sont surtout les replis saillants qui en sont gorgés, ce qui leur donne un épaississement considérable. Il est des canalicules dont les parois sont épaissies sur toute leur étendue, à un tel point que leur lumière a disparu ; ils ne sont plus représentés que par une traînée très sinueuse de cellules épithéliales altérées, bordée de deux cordons noueux gris-noirâtres dus à l'infiltration des parois par les particules kaoliniques et charbonneuses. Les bronches elles-mêmes ont leur épithélium enflammé, leur calibre rétréci et irrégulier et leurs parois infiltrées de poussières, surtout vers leurs points de bifurcation. Dans tous les endroits où l'inflammation interstitielle est importante et ancienne les vaisseaux sont comprimés ; leur couche conjonctive à elle-même subi la transformation celluleuse et a été atteinte par le processus inflammatoire. Au contraire, dans les parties périphériques où l'inflammation est plus récente et moins étendue, ils sont dilatés et variqueux.

En somme, on se trouve surtout en présence d'une pneumonie interstitielle généralisée, d'autant plus intense et ancienne que l'on se rapproche des divisions bronchiques et des parois canaliculaires. Cette particularité s'explique bien par la densité spéciale et le pouvoir essentiellement pénétrant des poussières qui se dégagent lors do l'usage des graìns ; c'est du reste à ces caractères qu'elles doivent leur grande nocuité.

Il n'y a pas trace d'altération de la membrane des réservoirs aériens, on trouve pourtant quelques particules très fines dans les réservoirs diaphragmatiques antérieurs et postérieurs, non dans les autres.

H. — *Cobaïe femelle placée le 5 décembre 1892 à 0m,80 d'un tour de retou-chage ; elle a succombé le 6 février 1894.*

Le poumon est peu rétracté ; il présente une surface grise-noirâtre striée ; il paraît emphysémateux, néanmoins il surnage à peine. Des sec-

tions faites en divers points de l'organe, après son durcissement dans l'alcool, montrent un épaississement considérable de la plèvre, principalement vers les régions supérieures. Le tissu pulmonaire est surtout grisâtre dans les parties antérieures et entrecoupé d'îlots et de veines blancs-
jaunâtres. Ces caractères sont de moins en moins prononcés à mesure
qu'on se rapproche de l'extrémité postérieure de l'organe, vers laquelle
on rencontre quelques îlots rougeâtres, c'est-à-dire des noyaux inflammatoires récents.

A l'examen microscopique on observe des lésions très variables, non
seulement suivant les régions de l'organe, mais sur la même préparation,
c'est-à-dire dans des points assez rapprochés. Ainsi, sur une coupe transversale prélevée dans la région moyenne d'un lobe principal, voici ce
qu'on remarque : 1° Dans toute la zone périphérique avoisinant la plèvre,
la plupart des alvéoles ont conservé leur membrane intacte et leur forme,
mais leur volume est réduit par suite de la compression que leur fait
subir l'épanchement séro-sanguinolent abondant qui s'est produit dans
les cloisons ; celles-ci sont donc distendues irrégulièrement et le liquide
de l'infiltration tient en suspension une infinité de fines particules poussiéreuses libres. Dans les points où l'œdème est peu important ou insi-
gnifiant les vésicules sont énormément dilatées ; plusieurs ont leurs
parois rupturées et leur intérieur est en communication avec les espaces
interalvéolaires (emphysème interstitiel). Bien des cloisons sont entièrement rompues. Cette zone périphérique est donc partie œdémateuse,
partie emphysémateuse, la première étant toutefois bien prédominante.

2° En dedans de cette première zone extérieure peu épaisse il en est
une seconde, plus large et très irrégulière, où l'on ne rencontre presque
exclusivement que les lésions de l'emphysème dans toutes ses phases,
depuis la simple dilatation jusqu'à la rupture complète plus ou moins
récente des cloisons cellulaires. On n'y retrouve point d'infiltration séreuse. Les espaces interalvéolaires, quoique renfermant quelques particules minérales, ne sont que très peu atteints par l'inflammation et seulement épaissis dans des points restreints. Ailleurs, la cloison est d'épaisseur normale ou elle est amincie ; aussi la même alvéole a une paroi
d'épaisseur très différente suivant les points où on la considère ; il est
même des utricules dont les cloisons sont très épaisses d'un côté, tandis
qu'elles sont amincies et parfois rupturées du côté opposé. Cette seconde
zone est, hormis de rares points d'inflammation interstitielle, peu étendus, presque essentiellement emphysémateuse.

3° La zone centrale, plus étendue à elle seule que les deux autres réunies, présente une altération dont les caractères sont différents ; c'est surtout l'inflammation interstitielle qui prédomine. L'hypertrophie des cloisons, modérée en certains points, est si intense dans d'autres qu'à leur niveau toute trace des utricules a disparu. En quelques endroits l'inflammation est récente et l'on ne trouve encore que du tissu embryonnaire ; mais ailleurs il y a déjà organisation et même transformation fibreuse.

Mais l'inflammation est loin d'être uniquement interstitielle ; il n'est presque pas d'alvéole qui ne soit plus ou moins atteinte directement, dont l'endothélium soit plus ou moins altéré ; beaucoup sont entièrement obli-térées par des produits épithéliaux et fibrino-purulents ; d'autres ont encore conservé un peu de lumière, mais leur paroi rugueuse, déchiquetée, n'est constituée que par des cellules endothéliales dégénérées, entre lesquelles se trouvent des leucocytes également plus ou moins alté-rés et chargés de particules minérales et charbonneuses.

Dans les points où l'inflammation interstitielle prédomine et où elle a déterminé l'aplatissement des alvéoles, les parois enflammées de celles-ci se sont souvent soudées l'une à l'autre et la trace de la vésicule n'est plus alors représentée que par une petite traînée irrégulière de cellules endo-théliales, polygonales, tassées les unes sur les autres. Cependant, si dans ce tissu l'inflammation plus ou moins avancée a occasionné tant de rava-ges qu'on n'y rencontre presque plus d'alvéoles saines, on y voit pourtant un certain nombre de cellules qui, malgré la pression extérieure qu'elles ont eu à supporter, se sont dilatées d'une façon démesurée et très irré-gulière ; mais l'épaisseur considérable des cloisons s'est opposée à leur rupture.

Tout le tissu de cette zone centrale est très infiltré de poussières dont la plupart ont été transportées à travers les éléments organiques par les leucocytes et où elles apparaissent sous forme de petits amas granuleux, grisâtres.

Les bronches ont leur épithélium desquamé, altéré ; plusieurs sont même oblitérées par les produits inflammatoires. Dans les deux premiè-res zones, leur altération est peu évidente. Quant aux capillaires et aux petits vaisseaux, ils sont dilatés, variqueux dans la zone périphérique et resserrés dans les deux autres. Dans les points où l'altération organique est le plus avancée, leur membrane externe elle-même est profondément atteinte par l'inflammation.

Dans les lobes antérieurs du poumon, on ne rencontre que l'altération semblable à celle de la troisième zone de la région moyenne, mais avec un degré plus avancé d'organisation du tissu inflammatoire interstitiel, devenu essentiellement fibreux dans un grand nombre de points et avec une infiltration chalicosique et charbonneuse plus importante ; il n'y a pas de zone emphysémateuse, mais des traces étroites et irrégulières d'une zone œdémateuse.

Les coupes faites dans les parties postérieures de l'organe ressemblent beaucoup à celles de la partie moyenne : les trois zones y sont bien tranchées, mais les lésions alvéolaires proprement dites, de même que l'inflammation interstitielle, y sont moins étendues et d'un âge moins avancé.

En somme, les lésions rencontrées sur ce poumon traduisent admirablement tous les stades de la pneumoconiose chalicosique aigüe, depuis son début jusqu'au commencement de la période de chronicité.

2° Analyses micrographiques de poumons de porcelainiers

I. — *Etéleur ayant travaillé pendant quinze ans dans les fabriques de porcelaine, mais en étant sorti depuis neuf ans. (Analyse faite pour le Dr P. Lemaistre, professeur à l'Ecole de médecine et publiée dans le Limousin médical de novembre 1893.)*

a. — EXAMEN MACROSCOPIQUE D'UN MORCEAU DU SOMMET DU POUMON DROIT

« C'est une portion du lobe supérieur du poumon droit. La surface extérieure correspondant à la symphyse est bosselée et irrégulière. Les parties bosselées répondent aux abcès qui tapissent la face externe du poumon et dont quelques-uns ont été ouverts lors de la séparation de l'organe de la paroi costale. La plèvre viscérale est fortement épaissie ; en certains endroits, elle atteint jusqu'à cinq à six millimètres d'épaisseur. En un mot, la surface extérieure de l'organe est recouverte d'une enveloppe fibreuse irrégulière, de couleur rosée, qui envoie ses ramifications dans l'intérieur du tissu pulmonaire.

La partie sectionnée apparaît avec une coloration noire-bleuâtre, irrégulière, plus ou moins foncée suivant les endroits ; dans les uns, elle a l'aspect du marbre noir entrecoupé de vessies blanches ; dans les autres, elle offre absolument l'apparence du fromage de Roquefort dans les parties où les moisissures sont le plus abondantes. En quelques points, le tissu foncé revêt la forme d'îlots de deux à cinq millimètres de diamètre séparés par des travées fibreuses ; cette disposition s'observe surtout vers la périphérie. Dans d'autres, la coloration est plus uniforme, mais toujours entrecoupée par des lignes jaunâtres dirigées dans tous les sens.

En outre des travées fibreuses, la section montre les coupes des abcès dont il a été parlé et dont le volume varie entre celui d'une lentille et celui d'une grosse noisette. Leur coque est constituée par un tissu fibreux qui envoie extérieurement des ramifications de tous côtés, et la face interne est irrégulière, anfractueuse, hérissée de prolongements constitués par des houppes de tissu fibreux nécrosé. L'aspect du contenu est variable suivant son volume : dans les plus gros abcès on trouve de la matière purulente semi-liquide, granuleuse, parsemée de grumeaux jaunâtres qui ne sont autre chose que des parcelles de tissu mortifié ; dans les autres, c'est une matière caséeuse plus homogène et solidifiée.

Sur la même section, on observe également les coupes des bronches, dont le calibre est plus ou moins rétréci, et celles des vaisseaux dont quelques-uns sont réduits à l'état de cordons pleins. Les sections des nerfs ne sont pas apparentes.

Vers la partie de la coupe qui borde le bord extérieur du poumon, immédiatement en dessous de l'enveloppe fibreuse, se trouvent quelques rares îlots de tissu rosé, spongieux : ce sont des parcelles de poumon resté, sinon sein, du moins perméable ; il n'en existe pas dans les autres parties du morceau.

La consistance du tissu, dans son ensemble, est considérable ; il ne se laisse pas écraser par la pression du doigt ; il jouit d'une grande élasticité et sa densité est aussi très élevée, puisqu'il tombe rapidement au fond du vase rempli d'eau dans lequel on le plonge.

b. — EXAMEN MICROSCOPIQUE

Un grand nombre de coupes ont été pratiquées en des points différents, les unes sans coloration préalable, les autres après avoir subi l'action de divers colorants. Voici, succinctement exposé, ce qu'on observe :

Dans les parties correspondantes aux travées, le tissu est constitué exclusivement par des fibres conjonctives presque aussi condensées que celles du tissu fibreux normal. Les fibres, légèrement ondulées, sont séparées en quelques endroits par des cellules aplaties et par des traînées de particules de volume et de forme variables, les unes d'un noir bleuâtre foncé, les autres blanches, plus ou moins réfringentes, plus ou moins transparentes. Je reviendrai tout à l'heure sur le compte de ces particules. (*Je me suis expliqué à ce sujet au Chapitre VI, où j'ai reproduit à ce propos le dernier paragraphe de cette observation.*)

Au niveau des îlots plus foncés, on rencontre des fibres connectives très ondulées, affectant une disposition générale circulaire et renfermant dans leurs mailles une quantité considérable des particules inorganiques dont il vient d'être question. Le centre de l'îlot est formé de cellules endothéliales dégénérées. En somme, ces îlots ne sont que les vestiges des alvéoles pulmonaires, dont les parois incrustées et épaissies se sont resserrées pour en déterminer l'obturation plus ou moins complète. En effet, les unes ne sont plus représentées que par une zone fibreuse épaisse, infiltrée de particules inorganiques, dont l'intérieur est tapissé par une couche de cellules déformées en voie d'altération ou altérées ; au centre existe une très petite partie vide qui représente la coupe de l'alvéole. Dans les autres, toute trace de lumière a disparu ; les cellules à elles seules constituent le centre de la zone.

Les coupes pratiquées au niveau des points caséeux montrent une enveloppe fibreuse très dense ; quant au contenu, il est constitué par des débris de fibres connectives et des éléments fibrineux emprisonnant des cellules et des globules de pus très altérés. En aucun endroit, je ne découvre la constitution typique du tubercule ancien ou récent.

Les vaisseaux pulmonaires ont subi une altération profonde qui apparaît bien manifeste sur leurs coupes dans le sens longitudinal. Leur calibre est très irrégulier et plusieurs d'entre eux, surtout au niveau des coupes du tissu fibreux périalvéolaire, sont réduits à l'état de simples cordons ; d'autres ont leurs enveloppes considérablement épaissies ; ils sont variqueux, obturés même en certains points, avec leur intérieur occupé par un caillot sanguin ou des vestiges de globules de sang. Dans ces endroits, la distinction des artères et des veines n'est guère possible tant l'altération est avancée.

Les plus fines ramifications bronchiques ont subi la même altération que les vaisseaux, mais à un moindre degré ; la réduction de leur calibre est moins avancée ; par contre, l'épaississement de leur tunique fibreuse et de leur membrane muqueuse est bien évident. Il en est de même des grosses bronches.

Sur les coupes faites au niveau des points où le tissu pulmonaire est resté spongieux, on observe le premier degré de l'échelle des altérations produites par les poussières. . . . .
. . . .

c. — EXAMEN BACTÉRIOLOGIQUE

Plusieurs coupes faites dans différents points du morceau de poumon, colorées par les méthodes d'Ehrlich et de Weigert (les unes en coloration simple, les autres en coloration double), ont été examinées avec l'objectif à immersion homogène et à l'éclairage Abbé; dans aucune d'elles je n'ai rencontré le bacille de Koch. Il est donc probable qu'on se trouve en présence d'un cas de sclérose chalico-anthracosique dans lequel la pseudo-abcédation traduit des nécroses locales plus ou moins étendues, déterminées par la suppression circulatoire consécutive à la compression des vaisseaux par les travées scléreuses. Il est regrettable que l'inoculation des crachats au cobaïe n'ait pas été faite en vue de corroborer les résultats négatifs de l'examen bactériologique.

J. — *Femme de cinquante-neuf ans ayant travaillé pendant douze ans dans la porcelaine. (Pièces fournies par M. Ansonneau.)*

Le thorax ouvert, les poumons ne s'affaissent pas; ils sont en symphyse complète. Au palper, ils sont durs, résistants aux sommets, mais assez souples et parsemés de nodosités du volume d'un pois dans les deux tiers inférieurs. — Dans le poumon gauche, à l'union des tiers supérieur et moyen, se trouve une caverne énorme pouvant loger les deux poings, limitée en dehors par la paroi thoracique, en dedans par le poumon creusé en cupule. Elle contient une petite quantité de pus; sa paroi intérieure est lisse, assez régulière, assez semblable à celle d'un abcès froid. Du côte pulmonaire, cette cavité est circonscrite par une zone indurée de deux centimètres d'épaisseur environ, homogène, résistante, d'un gris ardoisé. Elle est en communication, par d'étroits orifices, avec plusieurs autres cavités plus ou moins volumineuses, dont les unes présentent les mêmes caractères que la grande, tandis que les autres, creusées en plein tissu pulmonaire ont leurs parois anfractueuses et leur contenu constitué par un mélange de pus et de tissu nécrosé, de couleur ardoisée et d'odeur infecte. Le tissu pulmonaire qui les limite présente, comme celui des parties inférieures du poumon, des granulations très dures.

Le poumon droit est également creusé d'un nombre considérable de cavernes de volume variable, les unes avec une zone indurée, les autres taillées en plein tissu pulmonaire. Les coupes de celui-ci ont un aspect fibroïde dont les travées sont plus ou moins épaisses suivant les endroits ; on ne peut mieux comparer son aspect qu'à celui du fromage de Roquefort.

Examen micrographique. — L'altération du tissu pulmonaire qui se rapporte à la chalicose est différente suivant les points qu'on envisage. Ceux qui sont restés sains sont très rares et l'on rencontre partout un amalgame de toutes les phases de la pneumonie interstitielle à l'état aigu et à l'état chronique. Dans les endroits où le tissu est rosé et paraît perméable, on voit la transformation des cloisons alvéolaires en tissu inflammatoire embryonnaire ; elles sont très épaisses, aussi les utricules sont aplaties, irrégulières, bosselées et il y a des traces manifestes de l'inflammation de leurs parois ; leurs cellules endothéliales sont passées à l'état embryonnaire et mélangées à d'autres produits inflammatoires ; mais il y a loin d'y avoir oblitération. Dans ce tissu inflammatoire récent, on ne rencontre pas de particules poussiéreuses, ce qui fait penser que cette nouvelle inflammation, qui s'est greffée aux alentours de l'ancienne, n'est pas due à l'action des éléments étrangers, mais qu'elle est consécutive à la congestion du tissu resté sain par suite de la suractivité fonctionnelle de ce tissu. Du reste, c'est presque toujours de cette façon qu'a lieu la mort à la suite des pneumoconioses et de la tuberculose. — Ailleurs, les vésicules pulmonaires sont plus petites qu'à l'état normal et un peu aplaties ; leurs cloisons, quatre ou cinq fois plus épaisses qu'à l'état physiologique, sont de constitution essentiellement fibreuse et parsemées de particules de porcelaine et de charbon. A travers les fibres on voit encore bien des cellules allongées en voie de transformation fibreuse. Les parois alvéolaires ne portent plus que des cicatrices de l'inflammation et leur lumière existe toujours. — Enfin, dans d'autres points, l'épaississement fibroïde des cloisons est plus important ; les alvéoles plus aplaties que dans les autres endroits ci-dessus, mais encore légèrement perméables, ont une forme lozangique très allongée.

Dans la majorité de l'organe, la compression des alvéoles par l'inflammation interstitielle est telle que toute trace des utricules a disparu ; il ne reste plus qu'une traînée fibreuse dense, emprisonnant dans ses mailles quelques cellules endothéliales plus ou moins altérées et une infinité de particules minérales et charbonneuses. Si n'était l'aspect ondulé et bouclé des fibres, on ne devinerait pas la présence des vestiges d'alvéoles absolument aplaties, dont les parois se touchent. Dans ces derniers points, il y a donc atélectasie complète. Les alvéoles oblitérées par des produits inflammatoires sont rares ; on en voit cependant quelques-unes sous l'aspect de noyaux entourés d'une zone fibreuse très infiltrée de particules minérales.

L'examen bactériologique des produits de râclage du poumon y a révélé la présence du bacille tuberculeux. Ces mêmes produits inoculés le 20 juillet 1893 à un cobaïe ont déterminé une tuberculose uniquement ganglionnaire généralisée, à marche très lente, puisque le sujet n'y a succombé que le 4 novembre, soit plus de trois mois après l'inoculation.

K. — *Porcelainier âgé de quarante-huit ans ayant travaillé depuis sa jeunesse dans les fabriques de porcelaine. (Pièce donnée par M. le Dr Lemaistre.)*

Le poumon, très dur, élastique, est de couleur noire foncée (couleur anthracosique); sa densité est considérable. La plèvre est très épaisse et il y a symphyse partielle. Les coupes de l'organe sont d'un noir foncé entrecoupé par des points et des veines grisâtres. A l'œil nu, on ne reconnaît pas d'endroits sains. L'organe contient quelques petites cavernes à parois très anfractueuses, sans parois organisées, renfermant un putrilage noirâtre : ce sont des lambeaux de tissu pulmonaire nécrosés.

A l'examen microscopique, on trouve une sclérose très avancée et très étendue. La plus grande partie du tissu pulmonaire est remplacée par du tissu fibreux condensé, entre les mailles duquel sont emprisonnées en abondance et sous forme de traînées parallèles, des particules minérales et charbonneuses. Toute trace alvéolaire a disparu dans ces points. A ces niveaux, les bronches ont leurs parois très épaisses et les bronchiules sont complètement obturées. Mais ce qui est surtout remarquable, c'est l'engorgement des lymphatiques péribronchiques par les éléments étrangers qui forment une couronne grise noirâtre très épaisse autour de ces tuyaux. En bien des endroits, les vaisseaux sont obturés et leurs membranes ont subi la transformation fibreuse. — Dans cette zone inflammatoire ancienne, on voit quelques petits points ramollis, dégénérés : ce sont des tubercules crus. Entre les travées fibreuses, on trouve en certains points des noyaux où l'atélectasie n'est pas complète ; il y a encore des traces d'alvéoles aplaties dont les parois sont très épaisses et bondées de particules de porcelaine et de charbon ; il est rare de voir un tissu infiltré à un tel degré, c'est véritablement curieux. Cette seconde zone, moins dense que la première, renferme plus de tubercules que la précé-

dente, et leurs éléments ont également subi la dégénérescence granulo-
graisseuse. Les canaux aériens et les lymphatiques péribronchiques sont
littéralement bondés de particules inorganiques.

Dans les points très disséminés et restreints où l'altération est moins
ancienne, les cloisons alvéolaires sont encore épaisses, mais les utricules
sont dilatées, irrégulières, anfractueuses. Il existe cependant des endroits
où les alvéoles, tout en ayant leurs parois moins épaisses, sont réduites
de volume ; leur endothélium est très altéré, mais leur lumière n'a pas
disparu. Dans cette zone, la moins atteinte, les bronches ont néanmoins
leur épithélium très endommagé ; les tubercules y sont abondants et à des
degrés divers de développement.

L'altération des vaisseaux est fort curieuse. Dans les endroits où le
tissu fibreux est dense, ils sont obturés et leur intérieur est rempli de
sang plus ou moins altéré. La membrane interne des artères s'est même
détachée de la couche moyenne en certains points ; les veines ont disparu.

Les lymphatiques qui entourent les bronches et les vaisseaux sont
obstrués par les leucocytes chargés de poussières.

Dans les parties du poumon où l'inflammation est le plus récente, on
voit des tubercules à des degrés divers de développement, mais la plupart
en voie de caséification ; on en observe pourtant quelques-uns en formation dans les parois vasculaires.

On distingue nettement certains noyaux de tissu en voie de dégénérescence, de mortification.

En somme, en quelques points qu'on pratique des coupes, on ne rencontre pas de tissu pulmonaire normal, mais des lésions inflammatoires
chroniques plus ou moins avancées et étendues, ainsi que des lésions
tuberculeuses à des âges différents.

L'analyse microbiologique des coupes y a décelé la présence des
bacilles de Koch. Un cobaye inoculé le 22 juillet 1893 avec des produits de
râclage du poumon a succombé à une tuberculose généralisée le 12 octobre
suivant.

L. — *Porcelainier âgé de cinquante-huit ans, depuis longtemps employé
dans les fabriques de porcelaine. (Pièces fournies par M. le Dr Lemaistre.)*

Le poumon est noirâtre, à surface très irrégulière, bosselée ; sa densité
est considérable. Sur les sections pratiquées en divers points, on observe
les ouvertures des grosses bronches et des gros vaisseaux, ainsi que des

tâches jaunâtres plus ou moins étendues, plus ou moins irrégulières, dont le centre est constitué par de la matière caséiforme granuleuse, et le pourtour par une coque fibreuse d'épaisseur très variable : ce sont des noyaux tuberculeux. Le tissu qui occupe les intervalles est noir foncé avec des stries blanches-jaunâtres très sinueuses. En d'autres endroits, on rencontre des tâches rosées parsemées d'îlots noirâtres et de veines grisâtres, et enfin d'autres points où le tissu spongieux est d'un rose foncé sans stries noires.

A l'examen micrographique des coupes prélevées en divers points et colorées au picro-carmin, on observe les altérations les plus variées du tissu pulmonaire. En tenant compte des lésions qui se rapportent à la tuberculose, voici ce qu'on rencontre :

Il n'existe aucun point où le tissu pulmonaire soit resté absolument sain.

En quelques rares endroits, on aperçoit des alvéoles de grandes dimensions, très irrégulières, dont l'endothélium est profondément altéré ; ses cellules sont gonflées ; beaucoup sont détachées et forment, avec des globules de pus, un dépôt plus ou moins abondant. A ces niveaux, les cloisons sont un peu hypertrophiées, mais seulement par le fait de l'altération de la paroi alvéolaire, car les éléments interstitiels sont encore normaux. Il n'y a donc là qu'une inflammation purement alvéolaire; pas de particules minérales, pas de tubercules.

Dans les points correspondants au tissu rosé, les alvéoles également agrandies, mais aplaties et très sinueuses, ont leur endothélium passé à l'état embryonnaire et leurs cloisons épaisses sont entièrement constituées par les éléments de l'inflammation récente. Quelques vésicules présentent à leur intérieur un boursouflement faisant hernie : c'est un tubercule en voie de formation. Pas traces de particules poussiéreuses.

Un peu partout, on voit des îlots plus ou moins grands parsemés de stries noirâtres disposées en anneaux irréguliers et entourant des amas de cellules épithéliales et de globules de pus altérés, parmi lesquels on observe des points noirs et d'autres réfringents. Il est facile de reconnaître qu'en ces endroits il y a accumulation de particules kaoliniques et charbonneuses, surtout concentrées au niveau des stries annulaires. Ce sont des vésicules pulmonaires dont les parois, infiltrées d'éléments inorganiques d'une façon intense, ont eu leur lumière rapidement obstruée par les produits inflammatoires ayant subi ultérieurement la dégénérescence graisseuse. Les espaces qui représentent les cloisons des vésicules oblitérées sont uniquement constitués par du tissu fibreux assez dense et infiltré lui-même de particules. Dans ces zones, les bronches ont leur calibre très rétréci ; leur lumière est en grande partie obstruée par les produits épithéliaux desquamés et altérés. Elles sont entourées d'un cercle gris-noirâtre irrégulier très épais, produit par l'engouement des espaces lymphatiques de leur couche externe par les éléments inorganiques. Les vaisseaux ont leur membrane externe épaissie, constituée par du tissu fibreux densifié et leur calibre est considérablement diminué. — Il existe çà et là quelques tubercules crus, à coque épaisse, dont le contenu est granuleux. On trouve aussi beaucoup de noyaux nécrosés par suite de la suppression circulatoire ; ils ne sont pas entourés d'une membrane fibreuse isolante, ce qui indique qu'il n'y a pu avoir réaction des parties environnantes : ce sont en somme des petites cavernes, dont les parois déchiquetées sont hérissées de prolongements constitués par les houppes fibreuses du tissu voisin.

Dans les parties ayant apparu, sur les sections de l'organe, sous forme de stries jaunes-grisâtres, le tissu est formé de travées fibreuses ondulées, très serrées, séparées elles-mêmes par endroits entrecoupés, par des traînées d'éléments épithéliaux dégénérés. On reconnaît facilement que ces derniers éléments représentent les vestiges des alvéoles pulmonaires comprimées par la prolifération du tissu interstitiel dont l'hypertrophie persiste après sa transformation fibreuse, sans cesser de présenter, sous forme de stries, les traces de l'infiltration par les poussières. C'est dans ces endroits qu'on rencontre une grande quantité de tubercules disséminés et de noyaux tuberculeux plus ou moins volumineux dont l'enveloppe organisée, épaisse, renferme un contenu caséifié. Il y a donc association de sclérose et de tuberculose ancienne ; si en bien des points, la première est dépendante de la seconde, il en est d'autres où leur dualité ne fait aucun doute et où la sclérose est essentiellement d'origine chalico-anthracosique.

La plupart des fines bronches sont obturées par des produits épithéliaux et fibrino-purulents et, de même que beaucoup de vaisseaux, elles sont réduites à l'état de cordons pleins ; leurs enveloppes ont subi entièrement la transformation fibreuse. On ne trouve pas dans cette zone, qui est pourtant assez étendue, les noyaux nécrosés dépourvus de membrane isolatrice, comme dans les régions où l'infiltration minérale et charbonneuse revêt toute son intensité.

En résumé, dans ce poumon, on observe à la fois des lésions de broncho-pneumonie catarrhale et de pneumonie interstitielle aiguës et chroniques, de sclérose chalico-anthracosique et de tuberculose également à tous les degrés. Les altérations récentes ne peuvent être rapportées, il est vrai qu'à part la tuberculose ; mais la part de chacune des deux affections est bien tranchée dans les altérations anciennes.

L'existense de la tuberculose a été confirmée par l'examen microbiologique.

M. — *Morceaux de poumon d'un porcelainier (novembre 1893 ; pas de renseignements). Pièces fournies par M, le Dr Lemaistre.*

Les uns sont d'un noir foncé ; ils sont très durs, très denses et ils crient sous l'instrument tranchant. Les autres, également durs et denses, ont une coloration moins régulièrement foncée ; ils sont parsemés de veines grisâtres. D'autres, d'une couleur grise rosée, présentent seulement des points foncés. Tous sont creusés de cavernes anfractueuses, les unes bordées par une enveloppe fibreuse incomplète, les autres en étant dépourvues.

Les coupes prélevées dans les premiers montrent un tissu fibreux très serré parcouru par des traînées épaisses de particules de porcelaine et de charbon d'un volume relativement élevé ; il est rare de constater une infiltration aussi considérable. Les petites bronches et la plupart des vaisseaux ont subi entièrement la transformation fibreuse et sont réduits à l'état de cordons pleins. Plus de traces d'alvéoles. Nombreuses petites cavernes anfractueuses à parois parsemées de houppes fibreuses et à contenu constitué par des éléments fibrino-purulents et par du tissu fibreux nécrosé. Quelques-unes ont une partie de leur enveloppe organisée, mais la plupart n'en possèdent pas. Pas traces de tubercules proprement dits.

Les morceaux qui ont conservé un peu de spongiosité renfermant des noyaux plus ou moins étendus offrant les mêmes caractères que les précédents. Dans les intervalles, on trouve des alvéoles agrandies, irrégulières, à parois altérées, à cloisons très épaisses et également infiltrées de particules minérales. Quelques éléments interstitiels n'ont pas encore subi la dégénérescence fibreuse. Les bronches et les vaisseaux sont moins atteints. Les endroits les plus altérés présentent aussi des petites cavernes et les autres recèlent quelques pseudo-tubercules à parois épaisses et à contenu granuleux. Pas de tubercules proprement dits. Pas de tissu complètement sain. L'examen microbiologique et l'inoculation au cobaïe ont démontré par leurs résultats négatifs que ce cas de sclérose pulmonaire de nature chalico-anthracosique n'était pas compliqué de tuberculose.

VIII

Action des poussières sur les organes de la digestion

A propos du mécanisme de l'imprégnation des organes et des tissus, j'ai dit que la pénétration des poussières ingérées, à travers les membranes stomacale et intestinale, s'effectue uniquement au fond des replis muqueux et dans les culs-de-sac glandulaires, par un mécanisme un peu différent de celui qu'on observe dans le poumon. C'est surtout la pénétration traumatique ou directe qui prédomine ; l'absorption par les leucocytes est insignifiante. J'ai pu facilement me rendre compte de cette particularité à l'examen des viscères digestifs de mes animaux d'expériences qui ont succombé dans les fabriques.

Autour des points de pénétration des particules, l'épithélium irrité s'altère, ses cellules deviennent polyédriques, puis sphériques et il y a desquamation. Une fois parvenues dans la couche muqueuse, les poussières y déterminent une irritation prolifératrice intense ; les élémènts embryonnaires se forment en abondance autour d'elles. Très peu de particules arrivent jusqu'à la couche celluleuse, — chez mes animaux d'expériences, du moins, — où leur action est alors identique à celle qu'elles déterminent dans le tissu conjonctif interalvéolaire du poumon. Pendant cette période d'irritation inflammatoire aiguë, plusieurs de mes sujets ont succombé à une gastro-entérite aiguë.

Cette altération des membranes viscérales a pour conséquence de diminuer considérablement leur résistance, et cela à un tel point que l'estomac, qui absorbe pourtant bien moins de poussières que l'intestin, devient parfois incapable de recevoir une grande quantité d'aliments sans risquer de se rupturer. Cet accident s'est présenté, en effet, sur trois de mes cobaïes, dont deux soumis à l'action des poussières d'émail au voisinage des retoucheuses au tour (8 juin et 22 septembre 1893) et sur un troisième placé à côté d'un tour de moulage (20 août 1893). Il est vrai que ces poussières, surtout celles d'émail, ont produit des effets intensifs en raison de leur dégagement abondant, formant un dépôt assez épais sur les aliments de ces petits animaux. Ce résultat, qui m'a frappé, suffit à lui seul pour démontrer la nocuité des poussières minérales sur le tube digestif.

Les culs-de-sac glandulaires renferment beaucoup de particules et souvent d'assez volumineuses, sous l'action irritante bien manifeste desquelles l'épithélium glandulaire se gonfle et forme une sorte de bourgeon ulcéré qui livre passage à la particule. Lorsque les éléments étrangers sont abondants, l'irritation est telle que la prolifération épithéliale amène l'obturation complète du tube glandulaire; on retrouve alors les particules au milieu de ces éléments cellulaires. Ces phénomènes s'observent aussi bien sur les glandes en grappes que sur les glandes en tubes; ils expliquent la fréquence des diarrhées séreuses, aussi bien chez les sujets d'expériences que chez certains ouvriers porcelainiers. J'ai surtout bien observé ces lésions spéciales produites par la poussières sur le tube digestif chez deux cochons d'Inde qui sont morts de gastro-entérite, le premier (20 août 1893), après huit mois et demi de séjour dans un local de moulage, le second (6 février 1894), au bout de quatorze mois de présence à côté d'un tour de retouchage. Je n'ai rien remarqué du côté des follicules clos.

Sur l'estomac et l'intestin de l'homme on retrouve facilement les traces de l'infiltration des poussières par le même mécanisme et l'on rencontre de nombreuses particules dans les tissus des membranes. Si leur action est moins évidente que chez les animaux d'expériences, elle n'est pas niable et elle est incontestablement la cause déterminante des gastrites et des gastro entérites si communes chez les ouvriers des fabriques de porcelaine. On a attribué un peu à tort cette fréquence à l'abus des boissons; il y a eu assurément confusion de cause et d'effet, car la soif ardente qui dévore parfois l'ouvrier ne s'explique que trop par le desséchement, l'irritation et l'inflammation des organes respiratoires et digestifs produits par la pénétration des poussières; et, du reste, les ouvriers sobres et les ouvrières sont aussi bien éprouvés que les autres.

L'absorption des poussières microscopiques s'effectue « physiologiquement » avec les principes alimentaires, puisqu'on les retrouve dans les chylifères et même dans le foie; mais elles parviennent jusqu'à ce dernier organe en si minime proportion et sous une forme telle que leur présence semble y être tolérée. Je n'ai pu les suivre jusqu'en ce point qu'en ayant recours à un artifice : en faisant ingérer, avec leurs aliments, à deux cobaïes, des poussières d'émail colorées, les unes avec du violet de gentiane, les autres avec du bleu de méthyle. Le sujet qui a absorbé les premières a été sacrifié au bout de trois mois, le second au bout de six mois.

IX

Action des poussières sur les organes de la circulation sanguine et lymphatique

Il me semble superflu de revenir sur l'action des poussières sur les vaisseaux sanguins, puisque ce que j'ai dit à propos des altérations des vaisseaux pulmonaires s'y rapporte entièrement. Je la résumerai cependant, en disant qu'elle se traduit, d'après mes observations personnelles : 1° par la dilatation, la rupture, puis la disparition, par compression, d'une partie des capillaires desservant les tissus infiltrés ; 2° par l'inflammation de la membrane conjonctive des veines et des artères, et souvent aussi par celle de leur membrane interne (endartérite, phlébite) ; 3° par la compression due à la prolifération des éléments conjonctifs et à l'hypertrophie fibreuse qui en résulte ; 4° par l'obturation consécutive à l'inflammation directe des membranes vasculaires.

Je n'ai rien observé du côté des vaisseaux de l'appareil digestif, pas plus que sur les troncs de la circulation générale.

En ce qui concerne le cœur, j'ignore si les lésions chalicosiques exercent, chez l'homme, une action sur son fonctionnement ; cependant, chez deux de mes cobaïes d'expériences (observ. C et H) j'ai remarqué une dilatation bien manifeste du ventricule droit.

Quant au système lymphatique, il joue un rôle très important comme voie de circulation des éléments étrangers à travers l'organisme ; et ce rôle conducteur peut parfois s'étendre assez loin, puisque chez des pigeons étant restés exposés pendant quatre cents jours à l'action des poussières, on rencontre même celles-ci en abondance jusque dans les vaisseaux lymphatiques qui rampent sous la séreuse abdominale. Aussi cette circulation des éléments étrangers dans ces canaux ne s'effectue pas sans occasionner chez eux, aussi bien que sur les ganglions situés dans leur parcours, une altération plus ou moins rapide qui peut se résumer ainsi :

1° Disparition par obstruction, inflammation directe ou compression, d'un grand nombre de lacunes lymphatiques ;

2° Inflammation par irritation prolongée et induration consécutive des parois des canaux lymphatiques ;

3° Adénite aiguë localisée, puis diffuse, avec formation embryonnaire très intense; puis dégénérescence fibreuse du tissu ganglionnaire, par suite de la persistance de l'irritation créée par le séjour au sein de ce tissu, d'une grande quantité de leucocytes chargés de particules minérales et jouant le rôle de corps étrangers à l'égard des éléments organiques. Ces altérations s'observent aussi bien sur les lymphatiques et les ganglions de l'appareil respiratoire que sur ceux de l'appareil digestif.

X

Influence de l'absorption des poussières minérales sur le développement et la marche de la phtisie

Il est généralement admis, à priori, que les poussières, en éraillant les membranes organiques, créent des portes d'entrée multiples aux germes tuberculeux qui abondent dans les ateliers, et mettént, en un mot, l'organisme dans un état favorable au développement de la phtisie. J'étais déjà fixé sur ce point, puisque, d'une part, quelques-uns de mes sujets d'expériences sont devenus tuberculeux pendant qu'ils étaient exposés à l'action des poussières dans les ateliers de fabrication, et, d'autre part, comme on l'a vu, la plupart des organes de porcelainiers que j'ai examinés étaient atteints de tuberculose en même temps que de chalicose.

Cependant, si logique que puisse être cette interprétation de la genèse de la tuberculose et de sa fréquence parmi les populations des industries à poussières, il m'a paru intéressant de la soumettre au criterium de l'expérimentation. J'ai tenu aussi à savoir si la présence de lésions chalicosiques anciennes, mais cicatrisées, mettait également l'organisme dans un état favorable à la pénétration des bacilles. Et, d'un autre côté, j'ai voulu me rendre compte de l'influence de l'infiltration chalicosique sur la marche du processus tuberculeux dans les tissus.

Dans le but d'éclairer ces divers points, j'ai exposé en même temps à l'infection tuberculeuse expérimentale trois séries d'animaux de six chacune (cobaïes), les uns sains, les autres ayant été soumis pendant trente à quarante jours et jusqu'au moment de l'expérience d'infection, à l'action intensive des poussières d'émail; d'autres enfin qui avaient été exposés longtemps à cette même action, mais avaient cessé de l'être depuis quatre mois.

Pour effectuer ces expériences, je fis construire un appareil spécial dont voici le croquis (fig. 1 et 2) :

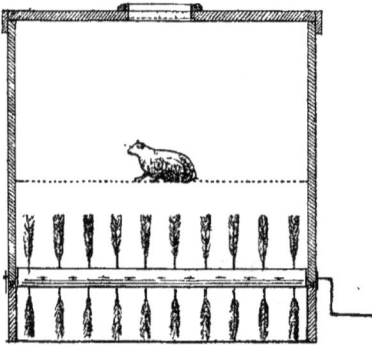

Fig. 1 (coupe longitudinale).   Fig. 2 (coupe transversale).

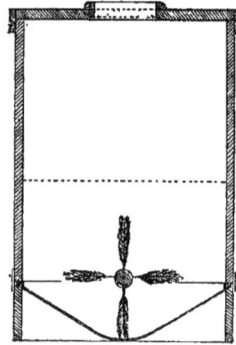

C'est une caisse divisée en deux compartiments superposés, indépendants, séparés par une toile métallique. Le compartiment inférieur a son plancher arrondi en forme de pétrin et composé d'une plaque de zinc ; il loge un agitateur constitué par un cylindre hérissé de plumes rectrices de volaille et mu extérieurement à l'aide d'une manivelle. Le compartiment supérieur est recouvert d'un couvercle présentant une large ouverture obturée par une couche épaisse de coton hydrophile retenue entre deux grillages, de façon à arrêter les germes et les poussières, lors de l'agitation, sans gêner la respiration et la circulation de l'air. Toutes les jointures sont mastiquées au moment des expériences, pour lesquelles voici comment je procède : Je fais dessécher des crachats de tuberculeux avérés, les plus virulents que je puisse me procurer ; je les introduis dans la caisse inférieure avec une poignée de petits clous à grosse tête destinés à les pulvériser lors de l'agitation. Je mets ensuite, dans le compartiment supérieur, mes animaux, après les avoir apeurés pour les faire uriner. Je ferme le couvercle et mastique tous les joints, et pendant une demi-heure je tourne vivement l'agitateur à l'aide de sa manivelle. Laissant ensuite les sujets une autre demi-heure, pendant laquelle les poussières se déposent, j'enlève le couvercle, en ayant soin de me munir auparavant d'un de mes respirateurs, et je remets les cobaïes dans leurs cages respectives.

La même expérience est répétée plusieurs jours de suite. J'avoue que, malgré les minutieuses précautions prises, elle n'est pas sans danger. Les résultats ont été les suivants : L'infection tuberculeuse n'a pu être obtenue que sur des animaux de la deuxième série, ceux qui avaient inspiré des poussières minérales jusqu'au moment des expériences. Il est donc évident que l'irritation provoquée par la pénétration des poussières favorise l'entrée dans l'organisme des germes tuberculeux et met celui-ci dans un état favorable à l'éclosion de la phtisie. Mais, par contre, cette action s'éteint dès que l'irritation a cessé et que les plaies créées par les particules sont cicatrisées.

Les indications concernant la marche des lésions tuberculeuses dans les tissus préalablement infiltrés de poussières m'ont été fournies par les autopsies des sujets ci-dessus infectés expérimentalement et surtout par celles des cobaïes qui avaient contracté la phtisie dans les ateliers. Chez ces derniers sujets (cobaïes ayant succombé le 18 octobre et le 17 décembre 1893) les lésions tuberculeuses revêtent toutes un caractère manifeste de crudité, c'est-à-dire de chronicité qui ne s'observe pas ordinairement chez le cochon d'Inde, et leur principal lieu d'élection est non pas le tissu pulmonaire dans lequel les tubercules sont relativement rares, mais le système lymphatique ganglionnaire de l'appareil respiratoire, où ils sont au contraire très condensés.

L'expérience d'infection a commencé le 9 juin 1894 et le premier animal atteint n'a succombé que le 16 novembre, c'est-à-dire au bout d'un laps de temps qui dépasse de beaucoup la moyenne de durée de l'évolution de la tuberculose chez le cobaïe.

Ce sujet mâle a respiré des poussières d'émail pendant un mois avant d'être soumis à l'expérience d'infection. A ce moment il est en très bon état et bien vigoureux. Mais vers la mi-octobre il commence à maigrir et à perdre de sa vigueur; il reste presque continuellement confiné au fond de sa cage, le dos voûté et le poil hérissé ; sa respiration est un peu accélérée, il conserve cependant son appétit, mais de temps en temps il est atteint de diarrhée ; enfin le 16 novembre au matin il est mort.

A l'autopsie je trouve le poumon un peu congestionné. Sur des coupes pratiquées en divers sens apparaissent des tubercules miliaires d'autant plus abondants qu'on se rapproche de la périphérie et du bord antéro-externe de l'organe où ils apparaissent même sous la plèvre enflammée et épaissie à leur niveau.

Les préparations micrographiques faites avec le tissu pulmonaire montrent celui-ci peu atteint par l'inspiration des poussières. On rencontre seulement quelques traces diffuses de broncho-pneumonie catarrhale ancienne et de rares noyaux de pneumonie interstitielle autour des particules minérales incrustées dans les lobes antérieurs seulement. — Les tubercules miliaires apparaissent comme greffés sur les parois des bronchioles et des alvéoles qu'ils ont obstruées ; ils présentent une coque fibreuse et leur contenu a subi la dégénérescence granulo-graisseuse. On ne trouve que quelqnes rares tubercules récents au voisinage de la plèvre. Tous les ganglions broncho-pulmonaires sont farcis de tubercules crus confluents qui en ont presque complètement envahi et détruit le parenchyme. — Le foie et la rate présentent quelques rares granulations tuberculeuses. Légères traces d'inflammation gastro-intestinale. — L'examen microbiologique des produits de ràclage du tissu pulmonaire a donné des résultats positifs.

Afin de n'être pas obligé d'attendre et d'être fixé plus vite sur les résultats de l'expérience d'infection, je sacrifiai les autres animaux, parmi lesquels j'en trouvai encore deux d'atteints (un jeune cobaïe mâle et une femelle qui, dans l'intervalle, a mis bas trois petits), mais à un degré beaucoup moins avancé que chez le premier et dont l'état général semblait tel qu'il ne me serait pas venu à l'idée de les soupçonner.

La conclusion de ces observations, qu'il serait superflu de rapporter toutes ici, est que l'altération organique déterminée par les poussières entrave d'une façon remarquable la marche des lésions tuberculeuses. Ces constatations expérimentales fournissent l'explication de ce fait que beaucoup de porcelainiers meurent phtisiques après l'âge de cinquante ans. Je dois ajouter que cette action modératrice de l'infection chalicosique sur le processus tuberculeux n'est bien évidente qu'autant qu'elle est déjà ancienne et que l'altération des tissus infiltrés revêt déjà les caractères de la chronicité.

XI

Prophylaxie

Les brèves considérations que je viens de présenter au sujet de l'action des poussières de porcelaine sur l'organisme peuvent s'appliquer à la plupart des poussières industrielles. Quant aux mesures prophylactiques, elles sont les mêmes pour toutes indistinctement, attendu que le but essentiel à obtenir est de resteindre autant que possible leur diffusion dans l'atmosphère du travail et surtout d'empêcher leur introduction dans l'organisme. Le premier résultat s'obtient par la mise en application des *moyens généraux* de préservation, qui forment la base de l'hygiène générale des ateliers ; le second, par l'emploi des *moyens individuels*, qui laissent à chaque unité le soin de se préserver.

1° Moyens prophylactiques généraux

Je vais me borner à rappeler très succinctement les moyens qui constituent, en quelque sorte, les préceptes de l'hygiène élémentaire des ateliers.

AÉRATION ; VENTILATION. — Les locaux de travail doivent être aussi spacieux que possible et l'air vicié par la respiration et le dégagement des poussières ne doit pas y séjourner. Le renouvellement de l'air doit s'effectuer d'une façon lente et continue, sans occasionner de courants capables de soulever les poussières déposées sur le sol ou sur les objets déposés dans les ateliers. L'aération obtenue, soit par les cheminées d'appel, soit par les vasistas et réglée avec discernement, ne peut être que très salutaire à la santé de l'ouvrier. Quant à la ventilation ou aération artificielle, elle combat avantageusement les causes de viciation de l'air provenant de la respiration, surtout dans les ateliers exigus, où sont entassés plusieurs ouvriers et dans lesquels la température de l'atmosphère est élevée par la présence d'appareils de chauffage et d'éclairage ; mais elle a le grave inconvénient de produire l'agitation et la dissémination des poussières et d'augmenter, par ce fait, le degré de pollution de l'air. Si elle est plutôt dangereuse pendant les heures de travail, elle est utile dans les intervalles, pendant la nuit, par exemple, où elle peut alors servir à rejeter au dehors une partie des poussières qui se sont dégagées pendant le jour.

ASPIRATION. — Ce n'est en sorte qu'une variété d'aération et de ventilation produite par des appareils spéciaux (aspirateurs) en vue d'entraîner les poussières, soit au dehors, soit dans des collecteurs spéciaux ; elle peut être générale ou locale.

L'aspiration générale obtenue par la disposition de bouches aspirantes, soit au milieu, soit sur les parois des locaux de travail, présentent les mêmes inconvénients que la ventilation proprement dite : ou elle est inefficace, ou elle devient dangereuse au même titre que la ventilation.

L'aspiration locale saisit les poussières dès le point où elles se forment et les entraîne par une canalisation dans un collecteur, d'où elles sont, soit rejetées au dehors, soit projetées dans l'eau d'un puits, soit encore dirigées dans des chambres où elles se déposent. Ce procédé donne d'excellents résultats, mais il exige parfois une force motrice considérable et des dépenses d'installation qui mettent un obstacle sérieux à sa généralisation. Néanmoins il existe un grand nombre d'installations de ce genre ; elles sont du reste facilitées par ce fait que l'industrie livre aujourd'hui des machines-outils munies d'aspirateurs. J'en ai vu plusieurs échantillons, entr'autres des meules d'émeri, des polisseuses de talons de chaussures, etc. L'application en a été faite dans les ateliers du chemin de fer du Nord à des batteries de meules d'émeri, ainsi qu'à l'ensemble des machines-outils d'un atelier de menuiserie, et dans les ateliers du P.-L.-M. on a installé un dispositif analogue pour une meule d'émeri servant à dresser les briques réfractaires (H. Mamy, Génie civil). Comme installation modèle sous ce rapport, je dois citer la faïencerie de Digoin (Saône-et-Loire), succursale de celle de Sarreguemines, que j'ai visitée plusieurs fois avec le plus grand intérêt. L'obligeance de son distingué directeur, M. de Jubécourt, dont les conseils autorisés m'ont été d'une grande utilité dans le cours de mes recherches, va me permettre d'en donner la description sommaire, en transcrivant la note et les dessins qu'il a bien voulu me remettre à ce sujet :

« En ce qui concerne l'époussetage de la marchandise dans la fabrication de la faïence, la solution adoptée par MM. Utzschneider et Cie consiste à disposer des bouches ou trompes d'aspiration de 0^m,10 de diamètre avec pavillons tronconques d'environ 0^m,20 d'ouverture (fig. 3 et 4) (1).

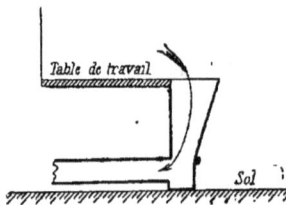

Fig. 3. — Aspiration de la poussière dans le finissage à sec des pièces.

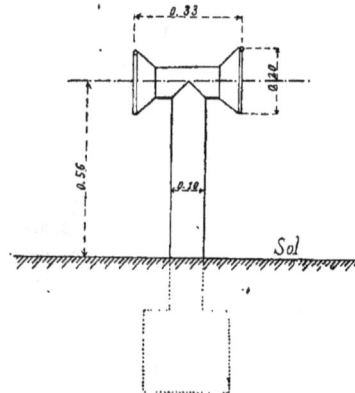

Fig. 4. — Aspiration de la poussière dans l'époussetage des biscuits (1re disposition).

(1) Les figures 3 à 13 inclusivement sont extraites du *Bulletin de l'association des industriels de France*.

Ces bouches sont placées, soit sur les tables lorsque le travail doit être effectué sur des tables, soit à une certaine hauteur du sol, si l'ouvrière assise doit tenir la marchandise sur les genoux. Dans ce dernier cas, elle s'assied en face de l'orifice d'aspiration et le plus près possible. S'il s'agit de pièces volumineuses ou de formes compliquées, on se sert d'un tuyau d'aspiration coudé et mobile (fig. 5) pouvant pivoter en décrivant un cercle qui lui permet de se présenter à volonté devant les différentes parties de la pièce.

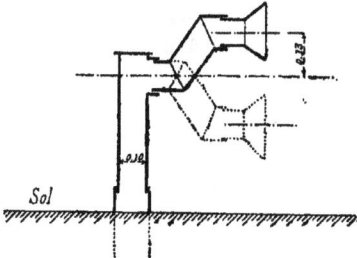

Fig. 5. — Dispositif d'aspiration dans le cas de pièces volumineuses.

» Pour le brossage des assiettes, les orifices d'aspiration (fig. 6 et 7) sont disposées dans la surface de la table et grillagés. A chaque place de

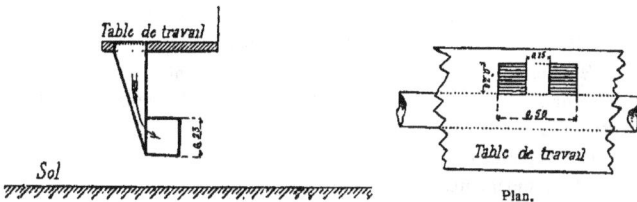

Fig. 6 et 7. — Aspirateur des poussières dans l'époussetage des biscuits (2ᵉ disposition).

brosseuse se trouvent deux surfaces ajourées d'environ 0ᵐ,20 de côté chacune, espacées l'une de l'autre par un intervalle plein d'environ 0ᵐ,15 de côté sur lequel on pose la pile d'assiettes à brosser. La poussière projetée par la brosse, de part et d'autre, tombe sur les bouches où le courant d'air l'entraîne. Toutes ces bouches communiquent avec un réseau de conduits d'aspiration souterrains, en maçonnerie, ou aériens, en bois ou en tôle galvanisée, qui aboutit à un ventilateur aspirant rejetant à l'extérieur, ou dans un égout assez grand, leur charge de poussières. »

Afin d'éviter la rentrée des poussières expulsées dans les ateliers, ou pour ne pas incommoder le voisinage, il est préférable de les projeter dans un égout ou dans un puits.

5

Lorsqu'on veut recueillir les poussières, soit parce qu'elles ont une valeur industrielle, soit pour tout autre motif, on fait usage des collecteurs, dont je dirai quelques mots plus loin.

Si la ventilation aspirante locale des poussières industrielles constitue le meilleur moyen de préservation générale, il faut reconnaître qu'il n'est pas d'une efficacité absolue ; et cela tient à ce que l'aspiration doit être réglée de façon à ne pas exposer à un courant d'air gênant et même nuisible à la santé les ouvriers placés dans le voisinage des bouches. La plus grande partie des poussières dégagées sont éliminées par ce moyen ; il en est cependant qui échappent à l'attraction du courant et sont attirées par la respiration. J'ai pu m'en rendre compte en me tenant à côté des ouvriers pendant le travail. On aperçoit facilement un nuage de très fines poussières voltigeant dans l'air environnant la tête, surtout si l'on a soin de diriger des rayons de lumière à ce niveau.

PRODUCTION DES POUSSIÈRES DANS DES APPAREILS CLOS. — Ce moyen n'est guère applicable que dans les cas où le travail producteur de poussières peut s'effectuer mécaniquement ; par exemple pour le battage des tapis (Magasins du Louvre, Compagnie des chemins de fer du Nord). Les tapis sont placés dans un tambour polygonal à claire voie tournant autour de son axe horizontal. Les poussières qui se dégagent pendant l'agitation sont attirées ou refoulées par un ventilateur.

L'emploi de cloches ou de châssis vitrés mobiles est aujourd'hui en usage dans plusieurs industries, entr'autres pour la trituration et la mouture de substances âcres ou toxiques. M. Proust (*Traité d'hygiène*) en signale l'application dans la mouture de la belladone (de Freycinet) et dans le trempage des allumettes (usine de Stafford).

On m'a signalé récemment l'utilisation de ce procédé dans la fabrication des chromos. Avec des nouvelles machines de provenance allemande, le saupoudrage des feuilles avec des produits plombiques et leur époussetage se ferait mécaniquement sous une cage vitrée.

Il y a quelques mois un inventeur limousin, M. Michaud, annonçait la découverte d'une machine effectuant automatiquement le poudrage et l'époussetage lithographiques sous cage vitrée. Les résultats n'ont, paraît-il, pas répondu aux attentes de l'inventeur.

Ce procédé est plus difficilement utilisable lorsqu'il s'agit du travail à la main. Cependant il a pu être mis en pratique depuis quelque temps dans un atelier de chromo-lithographie d'une fabrique de porcelaine de Limoges (1) pour l'opération très dangereuse de l'époussetage des feuilles.

(1) Fabrique de porcelaines Gérard, Dufraisseix et Cº.

Celles-ci sont introduites, par une petite porte à glissière, dans une cage à paroi supérieure vitrée reposant sur une table et adossée à une fenêtre qui constitue l'une de ses parois. L'ouvrière munie de gants, se tenant debout ou assise, introduit ses bras dans deux larges ouvertures garnies de manches en basane resserrées au niveau des poignets par une coulisse élastique. L'époussetage se fait dans la cage ; l'ouvrière voit, à travers la vitre supérieure, ce qu'elle fait ; elle prend les feuilles à gauche, les époussète, les replace à droite ; on les retire de ce côté par une autre porte à glissière. La poussière s'échappe par la fenêtre dont les carreaux inférieurs sont enlevés ; afin de faciliter son échappement, un courant d'air peut être établi dans la caisse au moyen d'un réchaud placé en dessous. Ce moyen de préservation, — individuel en ce cas, — est très bien compris.

Il y a quelques jours deux limousins, MM. Descubes et Marsaudon, annonçaient la découverte d'un appareil pour le saupoudrage et l'époussetage sous châssis vitré, qui ne diffère que par quelques détails de construction de celui en usage depuis plusieurs mois à la fabrique Gérard, Dufraisseix et Cie.

COLLECTEURS DE POUSSIÈRES. — Les poussières extraites de l'atmosphère du travail, étant rejetées au dehors, peuvent incommoder le voisinage et rentrer dans les ateliers ; aussi est-il préférable de les projeter dans l'eau ou de les recueillir dans des chambres spéciales d'où l'on pourra les extraire de temps en temps si elles ont une valeur industrielle. Les appareils qui permettent de les retenir au passage, à l'état sec ou humide, portent le nom d'appareils collecteurs. Parmi les collecteurs de poussières à l'état humide, je citerai celui de M. Jouanny, fabricant de papiers peints, dans lequel la production des poussières se fait dans une boîte close, d'où elles sont aspirées, puis refoulées par un ventilateur dans une cloche plongeant dans un cuvier contenant de l'eau.

La collection des poussières à l'état sec peut s'obtenir en les refoulant dans des chambres étagées, comme cela a lieu dans les ateliers de battage des tapis des magasins du Louvre.

Un moyen plus simple consiste à lancer l'air chargé de poussières dans des chambres assez grandes où les particules se déposent parce que la section est suffisante pour ralentir la vitesse du courant d'air. On provoque le dépôt par l'addition de chicanes qui aident la poussière à tomber sur le sol de la chambre. Comme il faut de temps en temps nettoyer ce sol, on ménage des ouvertures de nettoyage. On peut faire les chicanes au moyen de bâtons placés horizontalement à une certaine distance

du plafond, tandis que d'autres touchent le plafond. A chacun de ces
bâtons est fixée une toile qui barre la chambre dans toute sa largeur.
Les toiles de la première série de bâtons pendent jusque sur le sol ;
celles de la seconde série laissent un vide dans le bas pour le passage de
l'air. Si le courant d'air devait faire flotter les toiles, on les maintien-
drait facilement par l'addition d'un second bâton fixé en bas de chacune
d'elles. En cas de nettoyage, ces chicanes sont faciles à enlever pour pénétrer dans l'intérieur de la chambre et y enlever la poussière accumu-
lée ; puis on les remet en place en raccrochant les bâtons sur leurs sup-
ports.

PROCÉDÉ HUMIDE. — Dans certains cas le dégagement des poussières
peut être entravé par le mouillage des pièces qui les produisent. En ce
qui concerne la fabrication de la porcelaine, on y a recours pour le polissage et l'usage des grains, mais d'une façon insuffisante. On ne saurait
cependant trop recommander ce moyen, quand il est possible de l'utiliser.

PRÉCIPITATION DES POUSSIÈRES PAR LA VAPEUR D'EAU. — Ce procédé,
mis en usage depuis quelques années dans la fabrique de céruse de
M. Expert-Besançon, rue de Châteaudun, à Paris, a donné, paraît-il, de
bons résultats (H. Mamy).

LAVAGE DU SOL DES ATELIERS ET DES TABLES DE TRAVAIL. — Si les poussières qui se dégagent dans les locaux de travail ne sont pas agitées par
des courants d'air, elles se déposent naturellement sur le sol ou sur les
différents objets. Mais la circulation des ouvriers, l'ouverture des portes
et des fenêtres, le dérangement des pièces ou des objets divers, etc., les
remettent en mouvement et augmentent ainsi le degré de pollution de
l'atmosphère. Ce grave inconvénient peut être évité facilement en suppri-
mant le balayage du sol et l'époussetage des tables de travail et en remplaçant le premier par le lavage, le second par le nettoyage du matériel
avec un linge ou une éponge humectés. Toutes les surfaces sur lesquelles
les poussières peuvent se déposer étant maintenues dans un certain état
d'humidité, les causes d'agitation des particules seront dès lors sans
action.

SOL GRILLAGÉ. — L'agitation des poussières déterminée par la circulation des ouvriers dans les locaux peut aussi être évitée par une disposition grillagée du sol. J'ai rencontré une seule application de ce procédé,
à la faïencerie de Digoin. Dans cette usine, le sol des couloirs des ateliers est constitué par des grillages métalliques maintenus à 0^m,30 en-

viron au-dessus du plancher sur lequel les poussières tombent sans risquer d'être déplacées lors des allées et venues des ouvriers. C'est là une innovation heureuse et bien digne d'être recommandée.

MESURES COMPLÉMENTAIRES.— Parmi celles-ci, je rappellerai l'indication de ne pas prendre les repas dans les ateliers : en même temps qu'elle évitera l'ingestion des poussières, elle procurera l'avantage du séjour momentané dans un milieu sain.

La phtisie est très fréquente chez les ouvriers des industries à poussières et sa propagation est singulièrement favorisée par la funeste habitude de cracher sur le sol. Les crachats se dessèchent d'autant plus vite qu'ils sont projetés sur des poussières sèches qui les divisent et transportent leurs germes en se chargeant de leur frayer une porte d'entrée dans l'organisme. Ces graves dangers seraient facilement évités par l'installation de crachoirs dont les ouvriers seraient mis dans l'obligation de se servir. Ces crachoirs pourraient contenir un liquide antiseptique qui détrirait les bacilles, ou de la sciure de bois qu'on mettrait au feu à la fin de chaque jour.

Dans les industries où se dégagent des poussières toxiques susceptibles d'être absorbées par la peau, les ouvriers qui y sont employés doivent autant que possible se munir de gants (ici, les poudreuses en chromos en portent) et les soins de propreté (lavages, ablutions, changement de vêtement après le travail, etc.) ne sauraient être trop surveillés.

2° — Moyens prophylactiques individuels

RESPIRATEURS. — Les moyens généraux de préservation que je viens d'exposer sont malheureusement d'une application trop rare ; l'aspiration des poussières, par exemple, n'est organisée que dans quelques usines. Il est vrai que leur mise en pratique comporte des installations coûteuses ; et, d'un autre côté, il est indispensable que l'action des appareils préservateurs mécaniques puisse s'exercer sur un grand nombre d'ouvriers travaillant dans un même local ; si elle doit s'appliquer aux petits groupes et surtout aux individualités, elle devient par trop dispendieuse ; et dans ce cas, l'usage de moyens individuels est tout indiqué. Ces moyens consistent dans l'emploi de « masques respirateurs » contre les poussières, dont il existe un grand nombre de types. L'usage de ces appareils ne s'est pas répandu jusqu'alors, parce que, comme le dit avec raison M. Proust, leur moindre défaut est d'être chauds et lourds; de plus, ils gênent souvent la respiration ou ils n'interceptent pas suffisamment l'entrée des poussières, par suite d'une adaption défectueuse sur le visage. Si leur abandon est parfois justifié, il faut reconnaître aussi « que les ouvriers attachent à l'usage du masque un ridicule fâcheux, qu'ils poursuivent de leurs sarcasmes ceux qui s'abritent ainsi contre le danger, taxant leur prudence de poltronnerie (Proust) ». Quand la production de poussières est trop abondante et incommode, les ouvriers se contentent quelquefois de placer devant le nez et la bouche un mouchoir, un foulard, ou une éponge mouillée retenue par un cordonnet ; ces moyens rudimentaires rendent néanmoins de réels services.

Je profitai des intervalles de mes recherches expérimentales sur l'action des poussières pour mener de front avec elles l'étude de la question de prophylaxie individuelle. Je me procurai d'abord la plupart des spécimens de masques français et étrangers afin de balancer leurs avantages et leurs inconvénients et d'éviter ceux-ci dans la conception d'un appareil nouveau. Tous, je dois le dire, méritaient bien le nom de « masques » et je m'expliquai dès lors la répugnance des ouvriers à leur égard. — D'un autre côté, je pris des renseignements auprès des personnes compétentes et je m'enquis, dans plusieurs fabriques, des dispositions des intéressés. A la suite des réflexions qui me furent soumises, je dus me borner à la conception d'un respirateur préservant de l'entrée des poussières par le nez seulement. En effet, presque tous les ouvriers à qui je m'adressai me dirent que si je masquais également la bouche, j'apporterais de la gêne dans une phase de leur travail qui consiste à chasser, en soufflant, la poussière qui se dépose sur leurs pièces (il ne s'agit bien entendu que des porcelainiers) ; peut-être envisageaient-ils en eux-mêmes la difficulté qui pourrait en résulter pour parler et fumer ; toujours est-il qu'ils se déclarèrent presque unanimement pour le masque nasal seul. J'ai pu me convaincre, depuis, que ces considérations sont envisagées très sérieusement par les ouvriers d'autres industries que celle de la porcelaine ; et comme preuve, je citerai ce fait que presque la moitié des industries françaises et étrangères qui emploient mes respirateurs, ne font usage que du protecteur nasal.

Il est vrai que l'inspiration des poussières par la bouche n'est que l'exception et elle peut s'éviter en s'attachant à la fermer pendant le travail, c'est affaire d'habitude. Mais, dans certains cas, — coryza notamment — cette fermeture n'est guère possible ou elle est, du moins, très astreignante.

En résumé, contrairement à mon intention première, je dus me borner à préserver l'appareil respiratoire proprement dit.

L'appareil à imaginer devait assurer une protection efficace, tout en étant léger, peu fragile, d'un port commode, d'un nettoyage et d'un entretien faciles ; il ne devait pas échauffer le visage ni gêner la respiration ; enfin, son prix devait être abordable à l'ouvrier.

Le filtrage de l'air inspiré, qui constitue le principe fondamental sur lequel repose la construction d'un appareil respirateur, pouvait s'obtenir de plusieurs manières, en ayant recours à diverses substances. Le choix de la matière filtrante ne devait pas être affaire de goût ou de préférence personnels ; il devait reposer sur une base scentifique et être établi à la suite de recherches comparatives.

Aussi, avant de me prononcer, j'entrepris une série d'expériences dans le détail desquelles il me semble superflu d'entrer. Je tentai donc l'épuration de l'air pollué de poussières par sa projection sur une couche liquide (eau, huile, glycérine) ; les résultats expérimentaux ont été assez satisfaisants, mais leur application pratique ne m'a pas semblé avantageuse, surtout au point de vue économique, car elle exigeait l'emploi d'appareils d'un prix un peu élevé. Je m'occupai ensuite de déterminer le « pouvoir filtrant » — si je puis m'exprimer ainsi, — de diverses substances (laine, flanelle, amiante, éponge sèche ou mouillée, coton ordinaire, coton hydrophile), en opérant de deux façons différentes, avec des couches de matière d'une épaisseur variable : — 1° En aspirant artificiellement, à l'aide d'un soufflet aspirateur à soupape renversée ou extérieure, l'air chargé de poussières agitées dans une caisse close et en le faisant barbotter dans une couche liquide (eau, alcool, éther) après lui avoir fait traverser un obturateur grillagé, mobile, renfermant la substance jouant le rôle de filtre ; les résultats étaient fournis par les pesées des dépôts après les opérations ; 2° En respirant moi-même, avec des appareils respirateurs munis de diverses substances, dans une atmosphère artificielle tenant en suspension des poussières de couleur foncée (charbon ou tourbe) agitées dans une grande caisse dans laquelle j'étais enfermé. Les indications, dans ce cas, m'étaient données, d'une part, par l'examen de la face interne du filtre où il était facile de se rendre compte si les particules l'avaient traversé ; d'autre part, par la recherche de celles-ci, avec le microscope, dans le mucus des premières voies respiratoires.

C'est le coton hydrophile qui m'a donné les meilleurs résultats. On s'explique très bien son action : il divise à l'infini le courant aérien, le rend pour ainsi dire nul, et il évite ainsi une grande attraction des poussières vers le filtre ; il retient parfaitement, surtout quand il est légèrement humecté par la vapeur d'eau, les particules les plus fines, même les germes aériens. C'est à cette propriété filtrante qu'il doit du reste son usage journalier dans les laboratoires de microbiologie. Il a, d'un autre côté, l'avantage de pouvoir être imprégné de substances médicamenteuses diverses qui, sans lui enlever ses propriétés, communiquent à l'air qui le traverse une action thérapeutique à utiliser dans bien des affections du larynx et du poumon fréquentes chez les ouvriers qui ont inspiré des poussières industrielles. En somme, c'est cette matière, qu'on peut se procurer à bon compte, que j'ai été amené à choisir pour remplir le rôle d'agent-filtre. Qu'il me soit permis de faire remarquer que le passage de l'air inspiré à travers des agents liquides n'est pas sans danger ; la confirmation de ce fait m'a été fournie par un observateur compétent et bien placé pour pouvoir en juger, M. le Directeur de la faïencerie de Digoin, qui m'a fait part des inconvénients qu'il a reconnus sous ce rapport au filtrage à travers l'éponge mouillée en usage depuis quelques années dans cette usine.

L'adaption parfaite de l'appareil est aussi une condition essentielle à remplir, puisque son efficacité n'est réelle qu'autant qu'il assure la filtration de tout l'air inspiré. La variation à l'infini des lignes de la face humaine rend cette condition difficile à remplir. En effet, le même masque, s'il est à bords résistants, ne peut s'appliquer également bien chez deux personnes dont les faces paraissent semblables.

Si les différences sont peu importantes, on y pare avantageusement en garnissant les bords d'une substance très souple qui se prête aux saillies, tout en rendant plus douce la pression qui résulte de l'application, et, pour remplir ce rôle, le caoutchouc est tout indiqué. Mais si l'écart est trop grand, la partie résistante, c'est-à-dire le corps de l'appareil, doit elle-même être modifiée ; aussi est-il indispensable de créer plusieurs formes, autrement dit plusieurs numéros.

Me basant sur les principes fondamentaux que je viens d'exposer, j'imaginai, dès fin 1892, un protecteur nasal avec monture en gutta et à bordure plate, du poids de 16 grammes. Satisfait des résultats qu'il me procurait, je le soumis à la Chambre syndicale des ouvriers porcelainiers et lui offris gratuitement d'en faire sa propriété, afin de lui permettre de l'obtenir pour ses membres dans les meilleures conditions de bon marché, tout en m'engageant à réaliser à son profit les perfectionnements qui pourraient m'être inspirés par l'usage et l'expérience.

Mes recherches prophylactiques étaient restées à ce point et je ne m'occupais plus que de celles que comportaient les autres parties de mon programme, quand j'appris, par hasard, que « l'Association des industriels de France contre les accidents du travail » instituait un concours public en vue de la « création d'un bon type de masque-respirateur contre les poussières industrielles ». Je ne pouvais certes trouver meilleure occasion d'obtenir une appréciation éclairée sur la valeur pratique de mon innovation. Les conditions du concours stipulant la protection de la bouche et du nez de l'ouvrier, je fis construire un protecteur buccal d'après le même principe que le protecteur nasal ; mais le fonctionnement de ce protecteur buccal ne devant être qu'intermittent et seulement supplémentaire de l'autre, je ne vis pas la nécessité de le munir d'une soupape pour l'échappement de l'air expiré, ni de l'accoupler avec le protecteur nasal, de façon à ne faire des deux protecteurs qu'un seul appareil. D'un autre côté, comme je devais fournir deux exemplaires de chacun d'eux, je fis bénéficier le second modèle de quelques perfectionnements. Afin de rendre l'appareil moins fragile et d'obtenir une application plus douce et plus complète, je remplaçai la monture en gutta par une monture en métal blanc et la bordure plate par une bordure cylindrique en caoutchouc creux. En somme, ce modèle se compose de deux parties indépendantes : le respirateur nasal et le respirateur buccal.

Le *respirateur nasal* (fig. 8, 9 et 10) se compose d'un logement destiné à emboîter le nez. La partie inférieure de ce logement est horizontale et

formée par deux grillages métalliques entre lesquels se trouve placée une couche de coton hydrophile. Le grillage inférieur est à charnière, afin de pouvoir changer le coton à volonté ; il est maintenu par un crochet. Le reste du logement est en tôle pleine. Une bordure en caoutchouc pneumatique permet une application plus douce et plus complète sur le visage. Sur la paroi d'avant du respirateur

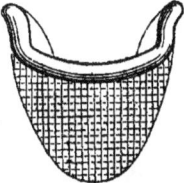

Fig. 8. — Vue en dessous.

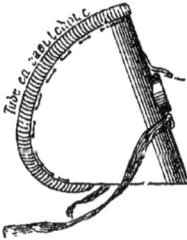

Fig. 9. — Vue latérale.

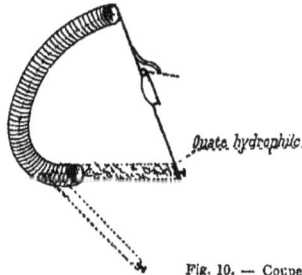

Fig. 10. — Coupe.

est disposée une petite soupape à charnière pour l'évacuation de l'air expiré. Un cordonnet de caoutchouc permet la fixation du masque.

Le *respirateur buccal* (fig. 11, 12 et 13) est basé exactement sur les mêmes principes : deux grillages métalliques sont fixés à deux cadres articulés à charnière et laissent entre eux un vide occupé par le coton hydrophile. La forme générale est celle d'un rectangle à bords arrondis et présentant la courbure nécessaire pour s'appliquer sur le contour de la bouche, avec interposition d'une garniture en caoutchouc pneumatique. Une goupille rend les deux cadres solidaires ; en l'enlevant, ils se séparent en pivotant autour de leur charnière commune, et l'on peut changer le coton interposé entre eux.

L'annonce de ce concours spécial n'étant parvenue à ma connaissance que quelques jours avant sa clôture, il m'a été matériellement impossible de faire profiter mon envoi d'améliorations que j'avais déjà en vue. Ces

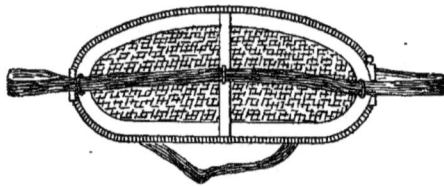

Fig. 11. — Vue de face.

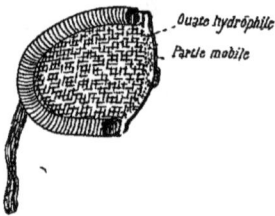

Fig. 12. — Vue de côté.

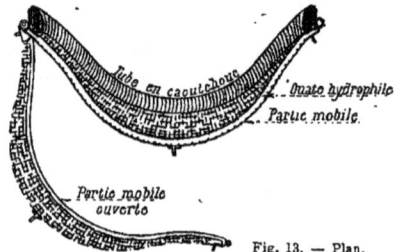

Fig. 13. — Plan.

appareils, construits à la hâte par un ouvrier horloger non habitué à ce genre de travail, ont été néanmoins appréciés, puisque l'Association leur a décerné un prix unique.

« Cet appareil, mis en essai dans les ateliers, a donné de bons résultats et a été fort bien accueilli par les ouvriers. Comme il est en deux pièces, le problème de l'adaptation sur le visage se trouve beaucoup simplifié.....

L'appareil est d'un port commode et facile. Il ne gêne en aucune façon les ouvriers. Dans les expériences faites sur lui, un ouvrier a pu travailler avec ce masque quatre heures et demie pendant la matinée et cinq heures et demie pendant l'après-midi sans éprouver le besoin de le retirer. Un ouvrier cardeur de crin à qui on l'a fait porter pendant onze jours, a demandé qu'on le lui laissât, déclarant qu'il se portait beaucoup mieux depuis qu'il en faisait usage, et qu'il avait recouvré le sommeil. » (Extrait du rapport de la Commission d'examen.)

Si favorable qu'ait pu être le jugement prononcé sur mes respirateurs par l'Association des industriels, je n'ai pas moins tenu compte des réflexions autorisées qui ont été émises à leur sujet; aussi, tout en opérant leur transformation en vue de la fabrication mécanique, c'est-à-dire économique, je leur ai apporté d'importants perfectionnements. La seule critique qui ait été faite sur leur compte se rapportait au protecteur nasal, dont l'application ne semblait pas toujours parfaite vers la partie supérieure, sur des nez différents. La rigidité du métal employé s'opposant à une déformation de l'appareil à ce niveau, l'adaptation du même modèle chez plusieurs personnes pouvait, en effet, dans certains cas, laisser à désirer. J'ai paré à cet inconvénient en remplaçant le métal blanc par l'aluminium malléable, recuit, qui se prête très bien, par sa souplesse, à une déformation partielle de la monture et permet ainsi une application parfaite d'un même numéro sur un très grand nombre de faces.

Les soudures et les grillages ont été supprimés afin de diminuer la main-d'œuvre et la fragilité. D'un autre côté, la surface de filtration, pour le protecteur nasal, a été presque triplée, de façon à permettre l'emploi d'une couche de substance filtrante suffisamment épaisse pour retenir les particules les plus fines, même les germes aériens, tout en laissant la respiration absolument libre. Enfin, les moyens d'occlusion, d'application et de fixation ont été également simplifiés. En somme, mes respirateurs actuels ont bénéficié d'améliorations qui les rendent sensiblement supérieurs à ceux que j'avais pu présenter à l'Association des industriels. Je me suis particulièrement attaché à leur simplification. — La fabrication mécanique, qui ne pouvait s'appliquer aux premiers modèles, a permis de livrer les nouveaux à un prix abordable à l'ouvrier. J'ai fait du reste tout mon possible pour obtenir ce résultat, et, afin de le rendre encore plus sensible, je n'ai pas hésité à abandonner tout profit de mon invention, m'en réservant toutefois la propriété et la faculté de limiter le prix de vente des appareils.

L'échantillon de respirateur que j'ai eu l'honneur de soumettre aux

Académies comprend le n° 2 du respirateur nasal (fig. 14 et 15) dernier

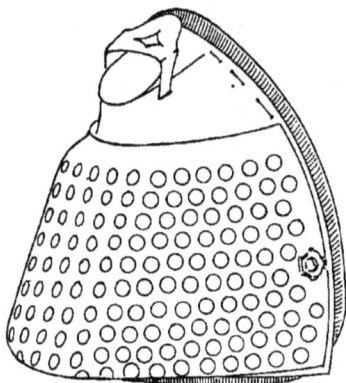

Fig. 14. — Vue latérale (grandeur naturelle).

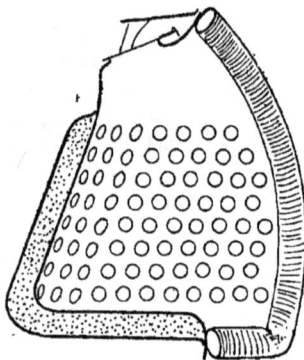

Fig. 15. — Coupe.

modèle (numéro moyen applicable à la plupart des personnes), et le respirateur buccal n° 3 (fig. 16 et 17) dernier modèle (grand numéro,

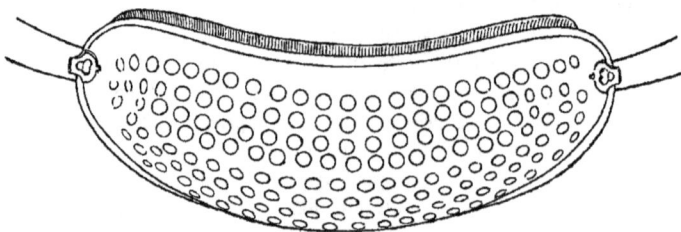

Fig. 16. — Vue de face.

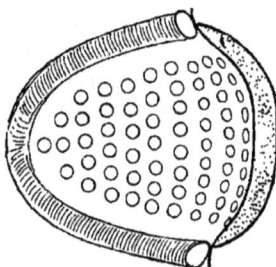

Fig. 17.— Vue de côté (grandeur naturelle).

pour les hommes portant la moustache). Il a été prévu trois numéros de chaque. Voici les indications concernant leur emploi :

Adaptation et fixation. — La malléabilité du métal employé permettant de donner aux corps des deux parties de l'appareil la forme de la surface sur laquelle ils doivent s'appliquer, ces modifications s'obtiennent, soit par le resserrement, soit par l'évasement, effectués par une pression légère exercée sur chaque protecteur tout monté, c'est-à-dire exécutée en même temps sur les deux plaques qui recouvrent la matière filtrante. Ces déformations sont rarement nécessaires et elles n'ont besoin que d'être très limitées, puisque les bordures pneumatiques assurent l'application en se moulant exactement sur toutes les sinuosités de la face.

Les moyens de fixation des deux protecteurs sont si simples que toute explication à ce point de vue me semble superflue. Il ne faut pas chercher à obtenir une application trop forte, qui deviendrait pénible, sans être pour cela plus efficace.

Garniture de l'appareil. — La matière filtrante employée est le coton hydrophile absolument pur, sous forme de feuilles d'épaisseur déterminée placées dans les espaces libres qui existent entre les doubles parois des protecteurs. L'épaisseur de la couche nécessaire ne peut pas être fixée mathématiquement ; mais pour renseigner et faciliter les intéressés à ce sujet, des plaques toute découpées, d'une épaisseur représentant la moyenne nécessaire pour une filtration efficace, sont mises à leur disposition. — La paroi extérieure de chaque protecteur étant enlevée en imprimant un quart de rotation à chacune des clés, on place régulièrement la couche de coton sur la paroi interne, sans opérer de tiraillement qui en amènerait l'amincissement, et l'on excise le repli qui se forme en dessous du protecteur nasal. Appliquant alors provisoirement la paroi extérieure sur cette couche, on coupe tout ce qui déborde, puis, après avoir dégagé les clés et rentré, avec la pointe des ciseaux ou une épingle. le coton qui gêne le rapprochement complet des deux parois, il ne reste plus qu'à fermer définitivement, non sans s'être bien assuré que tous les trous sont obturés par la substance filtrante.

Renouvellement du coton. — Le temps que doit servir la même couche de coton ne peut être fixé d'une façon absolue ; il varie surtout avec le degré de pollution du milieu et la nature des poussières. — En principe, plus le renouvellement est fréquent, mieux cela vaut. En application, la simple observation est le meilleur guide et lorsque les poussières apparaissent sur la face interne de la couche, il y a nécessité ; car, dès ce moment, il y aura danger de respirer un air traversant une couche saturée d'éléments pernicieux. Dans la moyenne des cas, l'usage de la même plaque de coton ne doit pas excéder deux jours. Comme, en outre des particules poussiéreuses diverses, elle retient une infinité de germes aériens, entr'autres ceux de la phtisie, si abondants dans beaucoup d'ateliers, on ne saurait trop recommander de la brûler à sa sortie de l'appareil ; ce sont ainsi autant d'ennemis dont la destruction est assurée.

Entretien. — L'appareil n'est pas fragile ; en le maniant avec discernement, il peut durer bien des années. — Si des poussières déposées sur la charnière de la soupape en gênent le fonctionnement, il suffit de les détacher avec la pointe d'une épingle, puis de les chasser en soufflant fortement. Si la soupape s'est pliée ou faussée sous l'influence d'un choc, il suffit d'appuyer sur elle avec une lame de canif pour lui faire reprendre sa forme plane qui assure son application sur l'ouverture, application qui doit toujours être complète.

Les bordures de caoutchouc creux seront facilement remplacées par n'importe quelle ménagère lorsqu'elles seront usées ; ce caoutchouc, de même que celui qui sert à fixer les appareils, sont d'un usage si courant qu'il est toujours facile de se les procurer. Sur demande, les bordures tubulaires sont recouvertes d'une enveloppe de coton, évitant le contact direct du caoutchouc sur la peau.

S'il me paraît sans intérêt de mentionner les divers travaux industriels dans lesquels l'usage de ces respirateurs est indiqué, qu'il me soit permis, cependant, de donner ici la liste des principales industries ou métiers qui, spontanément, ou après essais, ou sur les recommandations spéciales des Conseils d'hygiène, en ont déjà adopté l'emploi dans leurs ateliers :

Aciéries ;
Ateliers de construction de l'Etat ;
Ateliers de construction des chemins de fer ;
Aiguisage des métaux ;
Battoirs à tan ;
Battage des tapis ;
Broyage du silex ;
Chromolithographie ;
Cristalleries ;
Effilochage des étoupes et des laines ;
Emaillage ;
Fabriques de céruse ;
     — de coutellerie ;
     — de draps ;
     — et dépôts d'engrais ;
     — de feutres ;
     — de papiers peints ;
     — de papiers pour emballage ;
     — de pinceaux ;
     — de porcelaine ;

Fabriques d'instruments de précision ;
—   d'ustensiles de ménage ;
—   de silice ;
—   de tapis ;
Faïenceries ;
Ferblanteries ;
Fonderies de fourneaux, de caractères, etc.;
Forges ;
Fours à chaux ;
Fours à ciment ;
Hauts-fourneaux ;
Impression pour céramique ;
Lampisterie ;
Majolique ;
Matelassières ;
Mines de plomb ;
Moulinage de la soie ;
Moulins à tan ;
Peignage du chanvre ;
Polissage des métaux ;
Produits céramiques ;
Produits chimiques ;
—   pharmaceutiques ;
Repiquage des meules ;
Sucreries ;
Tabacs ;
Tuileries ;
Tournage sur cuivre ;
Verreries ; etc., etc.

L'usage de mes respirateurs s'est vite répandu, non seulement en France, mais aussi en Belgique, en Allemagne, en Suisse, en Italie, en Angleterre et en Hollande.

Le but humanitaire qui m'a inspiré mes recherches et mes expériences est donc atteint. Si loin de moi est la prétention d'avoir trouvé une solution parfaite de la question de préservation individuelle contre les poussières industrielles, je ne suis pas moins très heureux d'avoir réussi à être utile, dans la modeste mesure de mes moyens, à mes semblables.

Limoges, imp. Vᵉ H. Ducourtieux, rue des Arènes, 7.

PRINCIPALES PUBLICATIONS DE L'AUTEUR

De la médication arsénicale chez les ruminants (*In Journal de méd. vétér. et zootechnie. 1886*).

De la castration de la vache considérée dans quelques cas de nymphomanie. (*Ibid., 1886*).

Nouvel appareil pour la castration de la vache. (*Ibid., 1886*).

De la sensibilité péritonéale chez le bœuf. (*Ibid., 1886*).

Hernie de l'intestin dans une solution de continuité de l'épiploon chez la vache. *Ibid., 1887*).

Des accès de fureur dans la gastrite du bœuf. (*Ibid., 1887*).

Renversement de l'utérus six jours après le part chez la vache. (*Ibid., 1888*).

De l'étiologie de la nymphomanie ... et réflexions sur sa nature. (*Couronné par la Société centrale, 1888*).

Notes obstétricales (A propos des lacs et des crochets en obstétrique. Passecordes pour les accouchements. Nouveau licol pour les accouchements. De la traction mécanique dans les cas de dystocie par excès du volume du fœtus, etc., etc.) (*In Recueil de méd. vét., 1889*).

Cas curieux d'obstruction du rectum chez le cheval. (*Ibid., 1890*).

Curiosités pathologiques (Scrotum du mouton châtré par la ligature élastique. Cuillers et fourchettes dans la panse d'une vache, etc., etc.) (*In Bulletin de la soc. centrale, 1890*).

De la désinfection et de la transformation en poudres-engrais des matières organiques animales. Procédé nouveau. (*Compte rendu du Congrès de l'Association pour l'avancement des sciences, 1890*).

Fractures du calcaneum déterminées par des efforts. (*In Recueil, 1891*).

Hernies de la caillette à travers ses propres parois. (*Ibid., 1891*).

Hernies ventrales par distension dans l'espèce bovine. (*Ibid., 1891*).

Recherches sur l'hématurie essentielle du bœuf. (*In-8, Paris, 1891*).

L'exploration de l'abdomen du bœuf. (*In-8, 312 p., Limoges et Paris, 1892*).

Le charbon symptomatique chez les jeunes veaux. (*In Bull. de la soc. cent. 1892*).

De l'emploi du virus Danysz (de l'Institut Pasteur) pour la destruction des surmulots. Résultats expérimentaux. (*In Limousin médical, 1896*).

Etc., etc.

www.ingramcontent.com/pod-product-compliance
Lightning Source LLC
Chambersburg PA
CBHW050606210326
41521CB00008B/1130